中小学人工智能系列图形化编程丛书

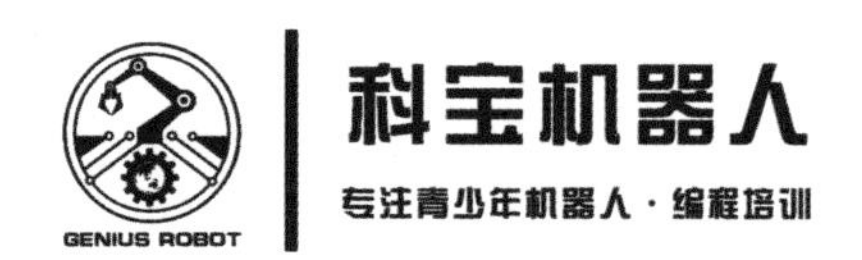

Scratch 3.0 图形化编程入门及案例

朱贵俊　李劭劼　张智超
　　　　邹孔标　朱贵艳　编著

中国科学技术大学出版社

内 容 简 介

本书是“中小学人工智能系列图形化编程丛书”中的一本，是适合6岁以上小朋友的编程入门书。全书分为12章。结合最新的Scratch 3.0软件（由MIT“终身幼儿园”团队设计和更新），从基础的界面和操作到10大功能模块的介绍和示例学习，再进一步提升到扩展模块的学习和示例学习。最后一章完成对前面所有内容的凝练，示例更是综合了前面各个模块的内容，完成最后一个综合学习案例的制作就完成了整本书的学习。内容难度递增，模块清晰，易学易懂，图例充实清晰，非常适合小学生独立看图自学，轻松进入编程广阔而有趣的世界。

图书在版编目(CIP)数据

Scratch3.0图形化编程入门及案例/朱贵俭等编著.—合肥:中国科学技术大学出版社,2020.3

(中小学人工智能系列图形化编程丛书)

ISBN 978-7-312-04871-5

Ⅰ.S… Ⅱ.朱… Ⅲ.程序设计—少儿读物 Ⅳ.TP311.1-49

中国版本图书馆CIP数据核字(2020)第042980号

出版 中国科学技术大学出版社
安徽省合肥市金寨路96号,230026
http://press.ustc.edu.cn
https://zgkxjsdxcbs.tmall.com
印刷 合肥市宏基印刷有限公司
发行 中国科学技术大学出版社
经销 全国新华书店
开本 710 mm×1000 mm 1/16
印张 14
字数 243千
版次 2020年3月第1版
印次 2020年3月第1次印刷
定价 58.00元

前　言

2016年6月，教育部印发《教育信息化“十三五”规划》，将信息化教学能力纳入学校办学水平考评体系，将编程教育纳入基础学科。2017年7月，国务院印发《新一代人工智能发展规划》，明确提出要完善人工智能教育体系，逐步推广编程教育。2018年初，多个省市将信息技术纳入高考内容体系，将编程纳入中考、甚至小升初考试。2019年11月，《青少年编程能力等级》标准发布。

一系列政策规定的出台预示着编程在中小学教育，甚至学前教育中都逐渐发挥着越来越重要的作用。从日常生活中也不难发现，我们身边早已处处充满了编程，大到联通整个世界的网络系统，小到手机上的一个APP，编程早已融入了我们的生活。如今，随着5G、人工智能、大数据等新一波技术浪潮的到来，不难想象十几年后编程将在我们的生活中占据何等重要的位置，而不会编程、不懂编程思维又将会变得何等寸步难行。

然而如何让孩子学习编程，却困扰了很多家长和老师。“孩子还不认识英文的指令和代码，怎么编程？”“孩子还不能理解复杂的算法和逻辑，怎么写程序？”相信这是很多家长的苦恼和疑问。

本书采用麻省理工学院(MIT)所开发的一款面向青少年的图形化编程软件Scratch 3.0,将英文的指令和代码变成一个个可以拖动组合的积木块,将复杂的算法逻辑通过一个个不同的形状、颜色来表达,让编程变得像搭积木一样简单。小朋友只需将色彩丰富的指令方块进行拖曳组合,就可以创作出各种各样的多媒体程序、互动游戏、动画故事等作品。能够对青少年的想象力、逻辑思维能力、解决问题能力、编程能力等各个方面进行全方位的锻炼。

本书共12个章节,由软件整体介绍和软件中10个大型功能模块以及综合案例赏析组成。从基础功能、单一积木块的作用讲起,带领小朋友通过近60个案例详细探究Scratch的每一个细节,在玩中学会并掌握编程的基本方法。

重难点—知识储备—案例—拓展建议—小结等构成了本书的主要内容框架,全面剖析少儿编程的每一个细节;试一试、练一练、案例解析等各环节的设置将带领小朋友亲身体验案例的每一个细节,使其对相关操作运用自如。

编程教育已成为青少年培养的重点,希望本书可以成为所有想要了解编程、学好编程的同学的入门读物,为大家展现编程有趣而生动的一面。

由于作者水平有限,书有难免存在缺点和错误,欢迎读者批评指正。

编　者

2020年1月

目录

第1章

初识Scratch（熟悉编程环境）

Scratch是一款简易的图形化编程工具，通过这个软件你可以掌握编程的条件、循环、判断等重要思维，更重要的是你不用去真正地编写程序，甚至不用完全认识汉字，只是通过简单地拖曳就能编写出很多精彩有趣的程序！

1.1 Scratch 3.0软件的安装

让我们首先来看看好玩又有趣的Scratch的最新版本要怎样安装吧！推荐大家到Scratch的官网进行软件下载。

步骤一：登录网址(https://scratch.mit.edu/download)。

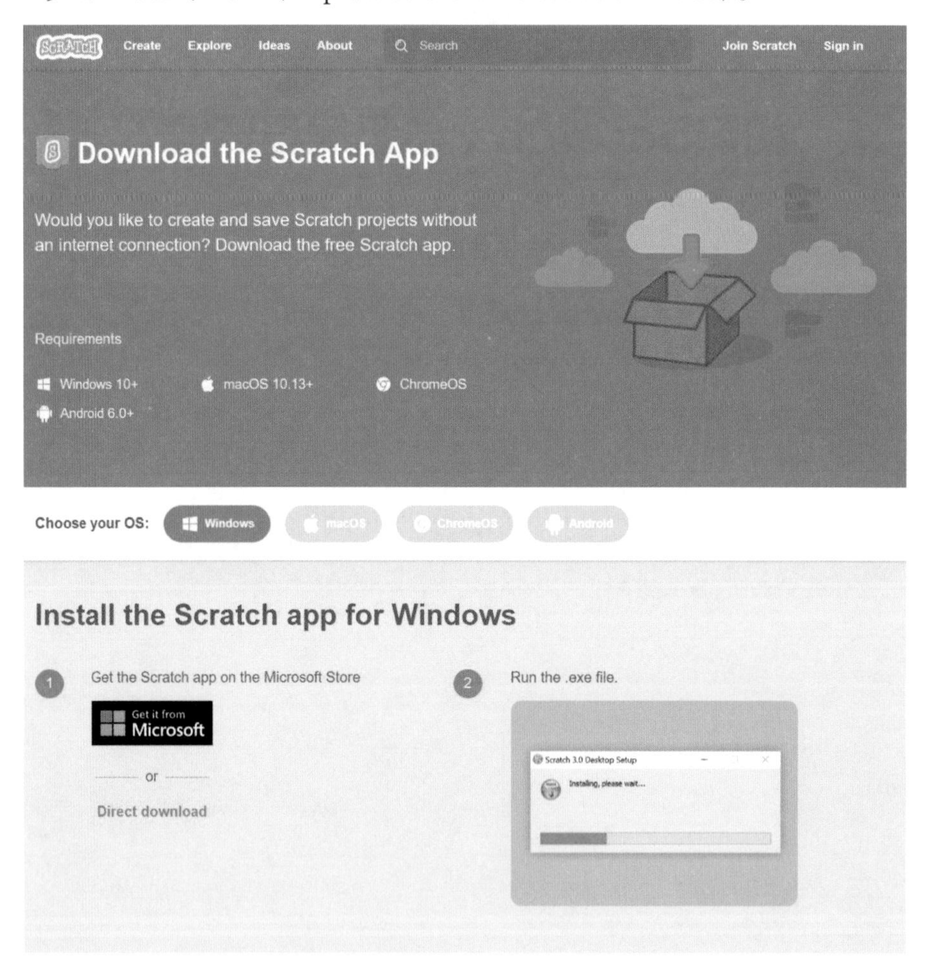

步骤二：选择电脑对应的操作系统。

步骤三：点击“Download”按钮，下载软件。

步骤四：打开下载好的安装程序，选择需要安装的位置。

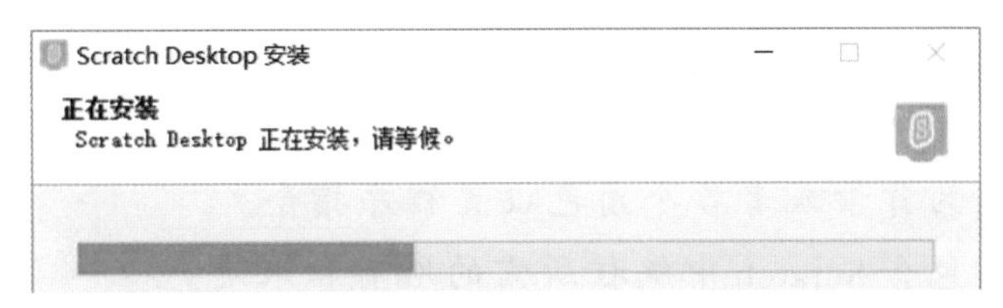

步骤五：软件安装完成后，就可以在桌面看到黄色的Scratch 3.0图标啦。

1.2 了解程序界面

程序界面主要分为四个区域："舞台区""角色区""脚本区""指令区"。下面来看一下这四个区域吧！

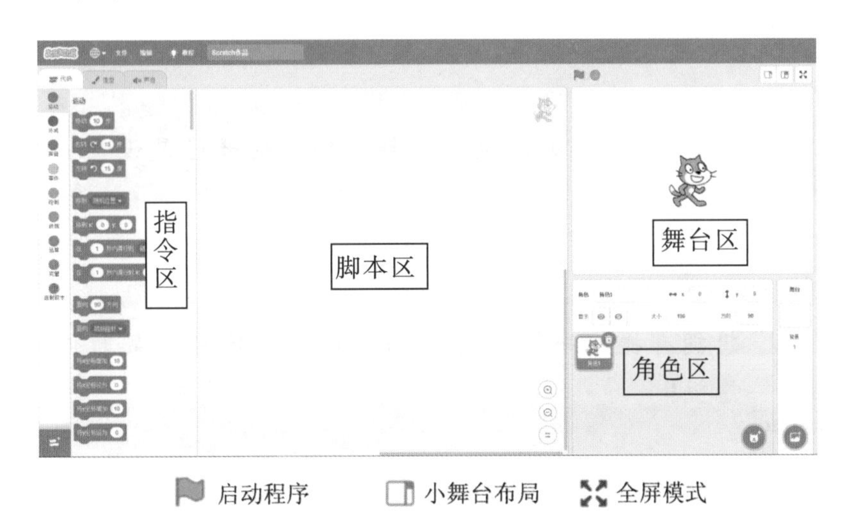

启动程序　小舞台布局　全屏模式

停止程序　大舞台布局

舞台区:展示所有故事和游戏的窗口。

角色区:包括项目中所有的人物和物品。

脚本区:为背景或者各个角色设置程序指令。

指令区:包含Scratch中编程所需的所有积木块。

1.3 掌握十大超能力玩转编程

运动模块

掌握运动模块的使用,就可以使角色拥有无穷的力量,做任何想做的事情!

外观模块

学会运用外观模块的各种功能,就可以使角色像孙悟空一样有72般变化!

声音模块

学会使用声音模块,就能创作出美妙的曲子。每个人都是作曲家!

事件模块

万事开头难,程序也是一样。巧妙的开始是设计一个好程序的一部分!

控制模块

想拥有操控一切的力量吗?控制模块可以帮助你实现这个愿望!

侦测模块

学会侦测超能力，可以使电脑上的程序连接现实世界，洞察万物！

运算模块

学会运算模块，数学作业再也难不倒你了！

变量模块

好记性不如烂笔头，想要记录发生的事情又怕麻烦？掌握变量模块，就能轻松记录一切！

自制模块

什么是你喜欢的？什么是你想要的？学会自制积木，统统自己制作，再也不求人！

添加扩展

神奇的画笔、会发出声音的小猫、可以翻译汉字的动物……期待你去探秘！

本章小结：

我们了解了Scratch3.0程序界面的四大区域“舞台区”“脚本区”“角色区”和“指令区”，以及Scratch3.0的十大超能力。在后面的章节中我们会逐一对每个超能力进行细致讲解，相信聪明的你一定很快就可以掌握！

第2章

神秘的力量（运动模块）

运动模块可以控制角色的运动速度、运动方向、运动状态，以及角色的位置、面向的方向等。

本章重难点

本章重点

- 移动……步(对应小节:2.1)
- 移到x:……y:……(对应小节:2.4)
- 在……秒内滑行到x:……y:……(对应小节:2.6)

本章难点

- 理解和掌握坐标概念
- 理解和掌握方向概念

平面直角坐标系

在同一平面上，相互垂直且有公共原点的两条数轴构成平面直角坐标系，简称直角坐标系。通常，两条数轴分别置于水平位置与垂直位置，水平方向的数轴为x轴或横轴，垂直方向的数轴为y轴或纵轴，取向右与向上的方向分别为两条数轴的正方向，如下图所示。

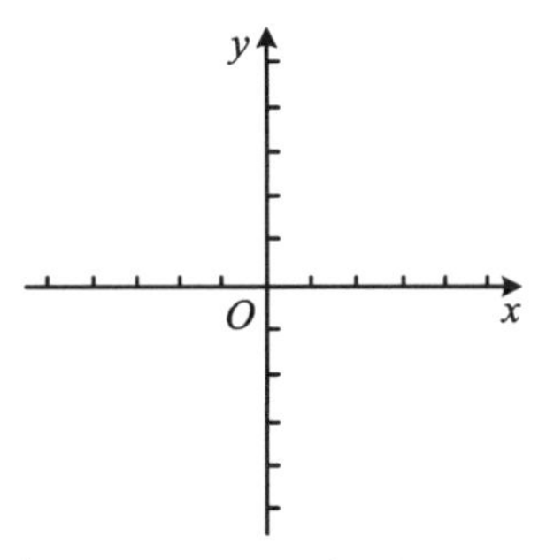

在Scratch编程软件中，Scratch的舞台也是一个隐藏的直角坐标系。舞台的右方和上方是正方向，舞台的左方和下方是负方向。

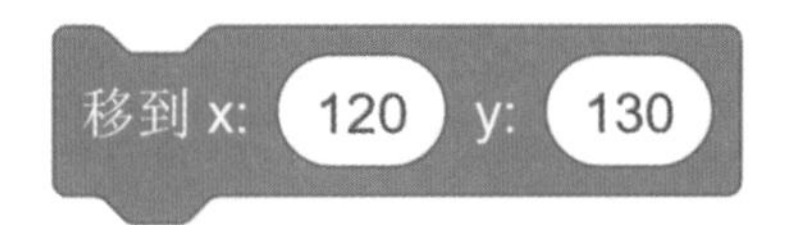

在直角坐标系中，x与y分别取一个数值就能在坐标系中确定一个点。同样，在Scratch的舞台中，使用一组x与y的值就能确定一个角色的位置。例如，“移到 x：120 y：130”。

角度与方向

现实中谈到方向时会说“东南西北”,但是在Scratch中不这样表达。在Scratch的舞台中有精确的角度与方向,角色在舞台中的运动就是通过这些来设置的。角色需要在舞台上向右移动就将角色的面向方向设置为90,向左移动设置为−90,向上移动设置为0,向下移动设置为−180,如图所示。

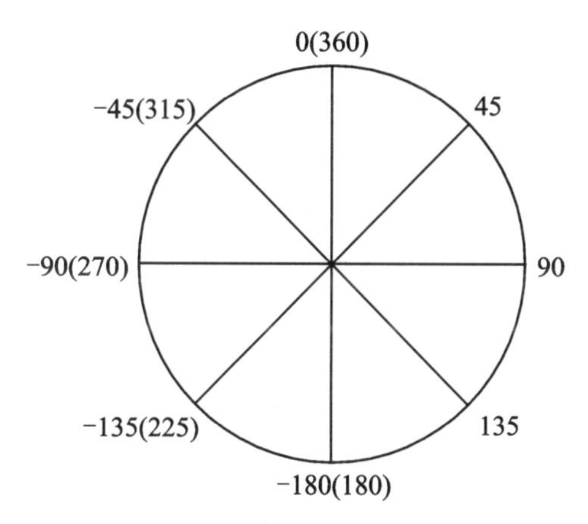

在本章中,我们将会系统地学习如何去确定或修改角色的位置,如何设置角色的运动方向,这些内容将是本章的学习重点。

2.1 横行霸道的螃蟹(移动……步)

1 第一步:打开软件,在角色列表中删除默认的小猫角色。删除角色有两种方法。

2 第二步：添加角色“Crab”。

3 第三步：将角色名称改为“螃蟹”。

4 第四步：给角色“螃蟹”设置指令。

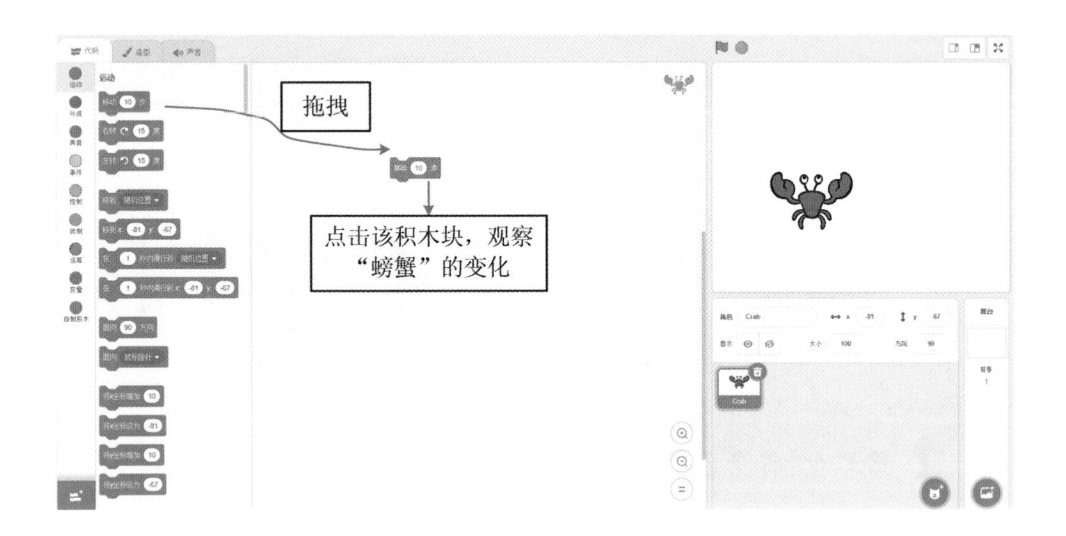

扫一扫

扫描下方二维码，获取本示例的视频教程。

练一练

下面可以让螃蟹横着走的积木块是(　　)。

2.2　小鸭子迷了路（左转↶/右转↷……度）

1　第一步：打开软件，在角色列表中删除默认的小猫角色。在角色库中找到角色“Duck”，并点击添加角色。

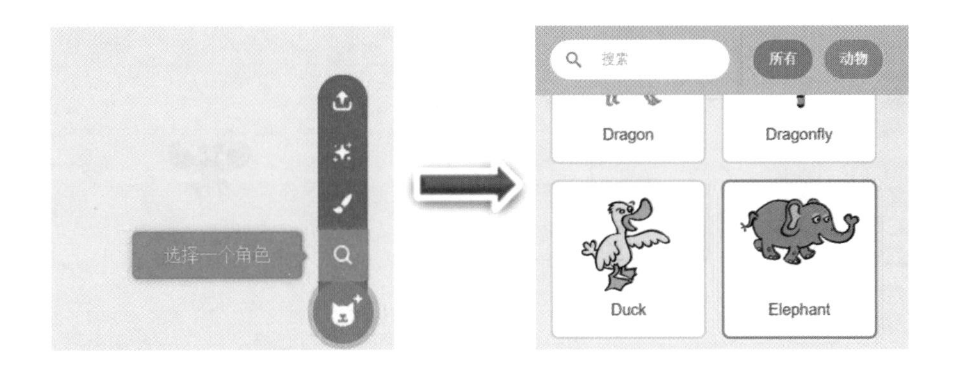

2 第二步：将角色名称修改为“小鸭子”，并复制一只小鸭子。

3 第三步：拖出“右转↻15度”和“左转↺15度”积木块，并依次点击它们。小鸭子迷路了，不知道应该向左转还是向右转。

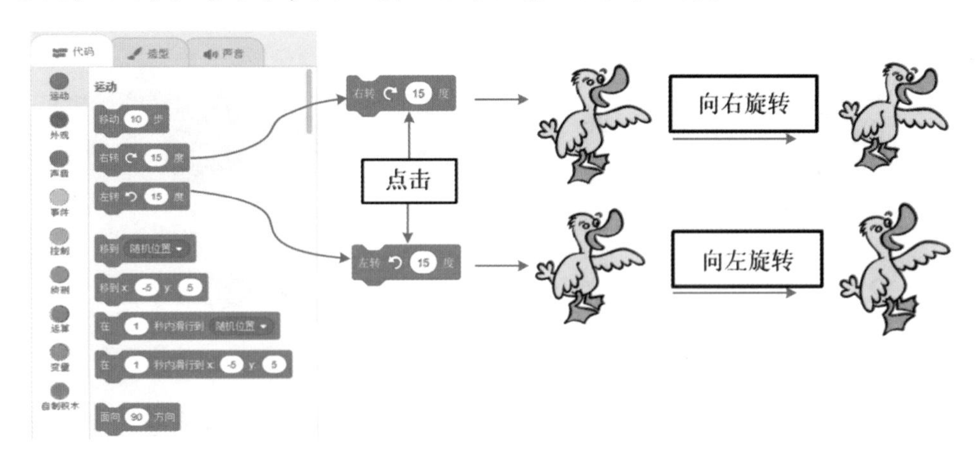

扫描下方二维码,获取本示例的视频教程。

请将小鸭子与对应的积木块连接起来。

2.3 灵活的老鼠(移到随机位置/鼠标指针)

1 第一步:打开软件,在角色列表中删除默认的小猫角色。在角色库中找到角色“Mouse1”,并点击添加角色。

2 第二步：将角色名称修改为“老鼠”。

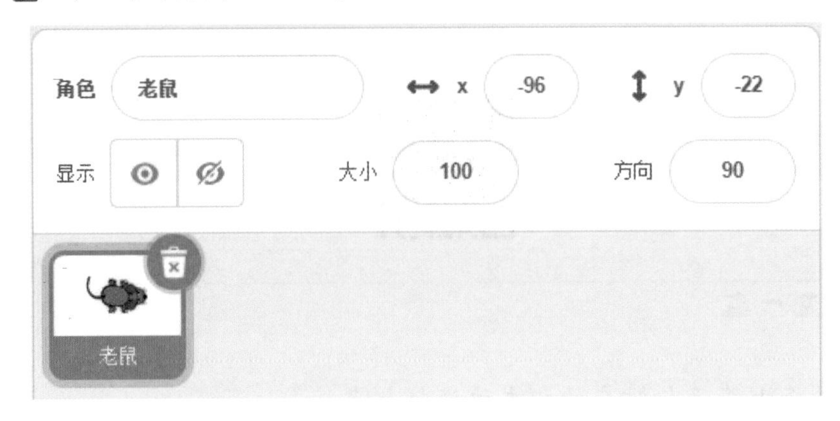

? 还记得怎样修改角色名称吗？不记得就回到“螃蟹”那一节（2.1节）看一下吧！

3 第三步：拖出“移到随机位置”积木块到脚本区，点击观察小老鼠位置变化。

i 点击积木块，程序执行时会发光哦~

4 第四步：多次点击“移到随机位置”积木块，让程序多次执行。

? 老鼠的位置发生了怎样的变化？怎样让小老鼠变得听话呢？

5 第五步：点击倒三角，更改程序功能。

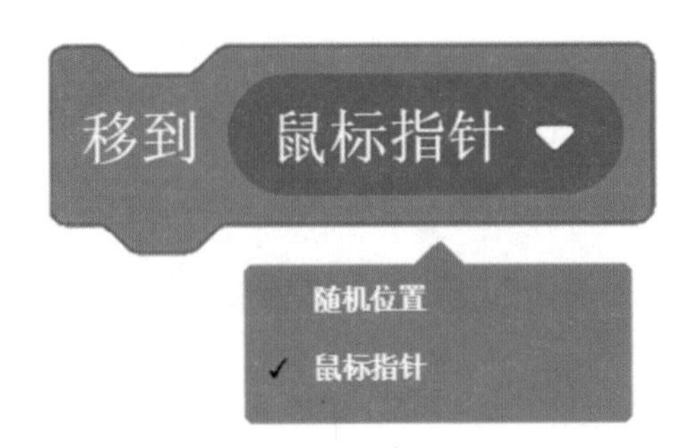

6 第六步：这时我们就需要控制模块里的新朋友来帮忙了。

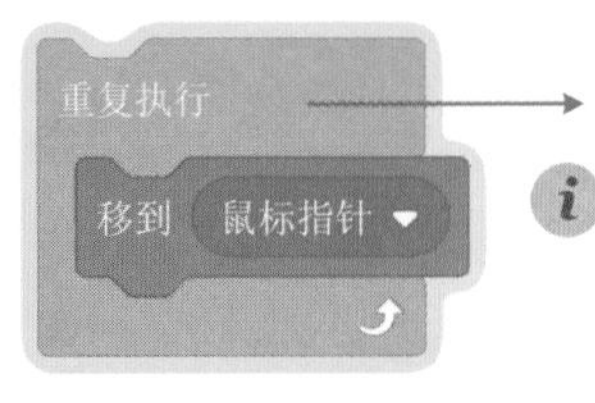

"重复执行"(来自控制模块的得力帮手)

ℹ 点击积木块试试看吧，在舞台上移动鼠标指针会产生什么样的效果？(再次点击积木块，程序会停止运行)

❓ 如果不添加"重复执行"这个积木块，可以实现吗？为什么？

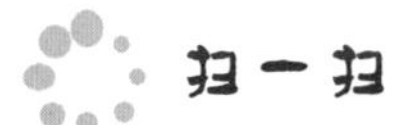

扫描下方二维码，获取本示例的视频教程。

如果我们想让小老鼠随机移动，应该使用的积木块是(　　)。

A. 

B. 

C. 

2.4 好动的小猴子(移到x:……y:……)

1 第一步：新建一个项目，删除默认的小猫角色，添加角色"Monkey"。

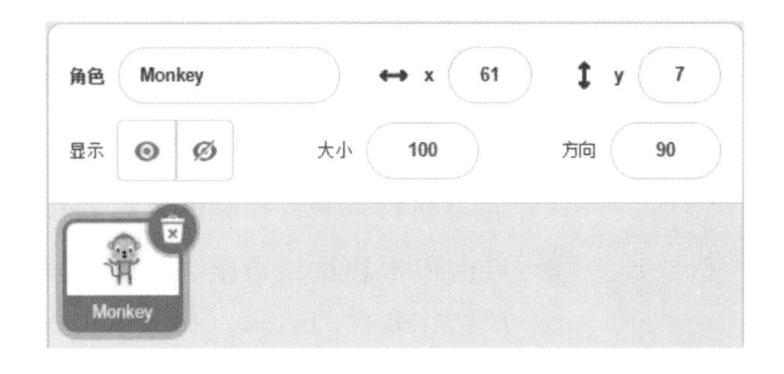

2 第二步：将角色名称修改为“小猴子”。

3 第三步：拖出“移到 x：…… y：……”积木块到脚本区，点击观察小猴子的位置变化。

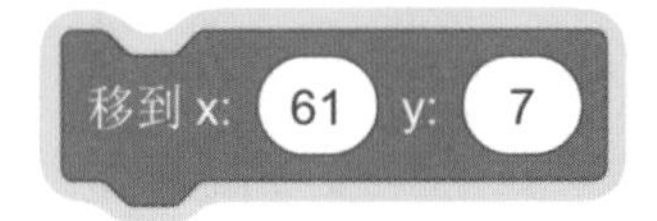

? 积木块的参数不一定是(61,7)，思考这里的参数是由什么决定的。

4 第四步：修改积木块中的参数，为“x：100 y：100”；点击并观察角色变化。

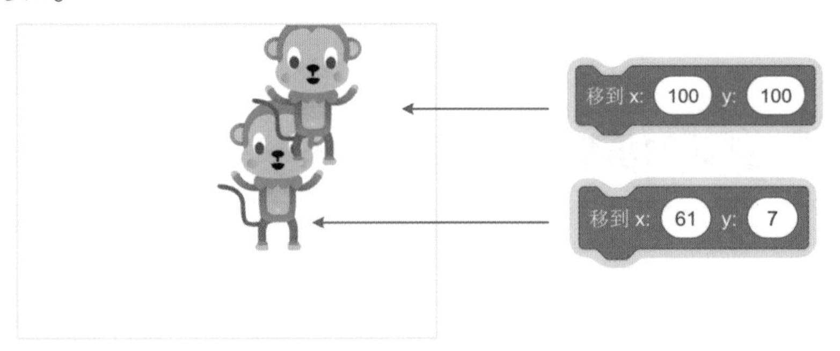

? 小猴子发生了怎样的变化？

5 舞台相关知识介绍如下。

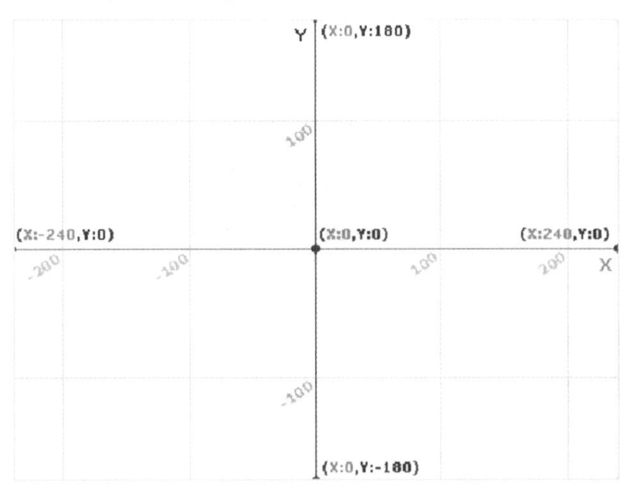

可以把舞台看成一个直角坐标系，舞台的中心点为x=0，y=0。舞台的高为360步，坐标为-180~180；舞台的宽为480步，坐标为-240~240。中心点的右方和上方是舞台的正方向，而左方和下方是舞台的负方向，如上图所示。

6 修改角色坐标的两种方法如下。

方法一：用积木块修改

方法二：修改角色坐标信息

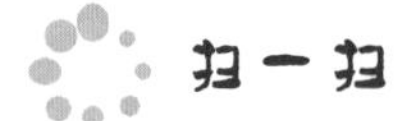

扫一扫

扫描下方二维码，获取本示例的视频教程。

通过“移到x：……y：……”积木块，可以让小猴子到达舞台上的某个特定的位置，那么有什么办法可以让我们编写的程序更有意思呢？

程序方向

- 结合已经学过的跟随鼠标移动，让好动的小猴子自己移动几次后，可以乖乖地按照我们鼠标指针的指示运动。

情节方向

- 为舞台添加丛林的背景，再添加一个香蕉的角色，使用“移到x：…… y：……”积木块，让小猴子可以直接在丛林中找到香蕉的位置。

2.5 捉摸不定的甲虫（在……秒内滑行到……）

1 第一步：新建一个项目，删除默认的小猫角色，添加角色“Beetle”，并将角色名称修改为“甲虫”。

2 第二步：拖出“在1秒内滑行到随机位置”积木块到脚本区，点击并观察甲虫的位置变化。

点击多次，看看甲虫的移动是否存在规律。

3 第三步：点击积木块上的白色倒三角，看看还有什么神奇的发现吧！

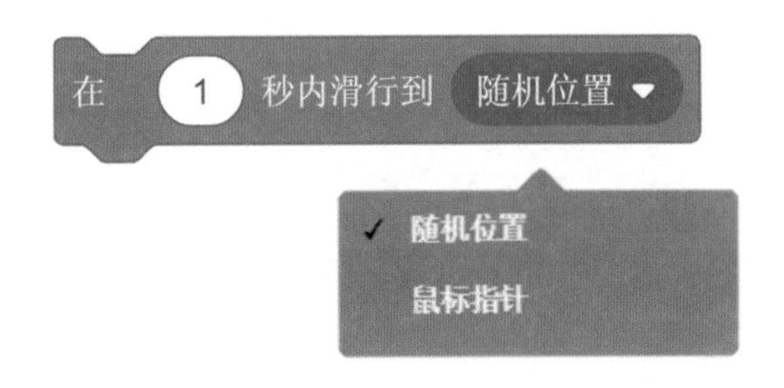

偷偷告诉你哦，这个积木块还有一个可以向角色移动的隐藏功能，快添加一个新角色试一试吧！

扫一扫

扫描下方二维码,获取本示例的视频教程。

练一练

下面可以让角色向小猫移动的积木块是(　　)。

2.6 小企鹅爱滑冰（在……秒内滑行到 x:……y:……）

1 第一步:新建一个项目,删除默认的小猫角色,添加角色“Penguin 2”。

2 第二步：将角色名称修改为“小企鹅”。

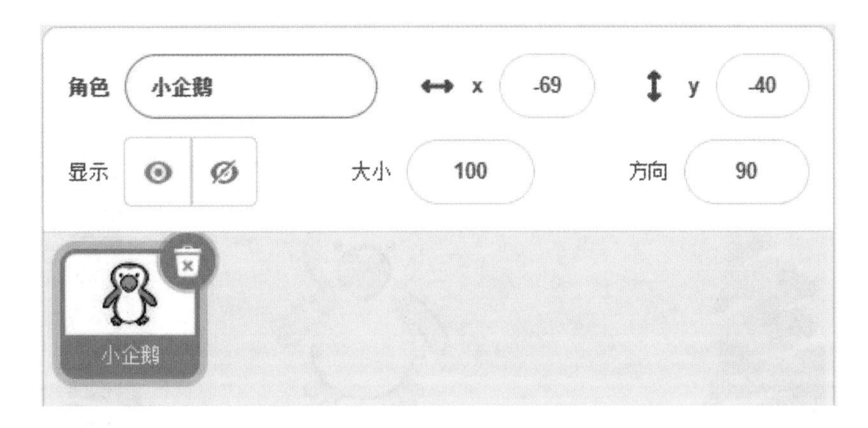

3 第三步：为舞台添加冬天背景。

4 第四步：拖出“在1秒内滑行到x：…… y：……”积木块到脚本区。

5 第五步：修改横坐标，点击执行积木块。

? 观察小企鹅发生了怎样的变化。

扫一扫

扫描下方二维码，获取本示例的视频教程。

通过“在……秒内滑行到……”积木块,可以让小企鹅滑行到舞台上的某个特定的位置,那么有什么办法可以让我们编写的程序更有意思呢?

程序方向

- 与上一节学过的“在……秒内滑行到随机位置”积木块相结合,让小企鹅可以在舞台上自由地滑行。

情节方向

- 为小企鹅添加一个新的朋友,并将它们滑行到的地点设置成相同的参数,这样它们两个就可以一起滑冰啦!

2.7 分不清方向的小猫(面向……方向)

1 第一步:打开软件,修改角色名称为“小猫”。

2 第二步:复制小猫角色,分别置于舞台的四个角落。

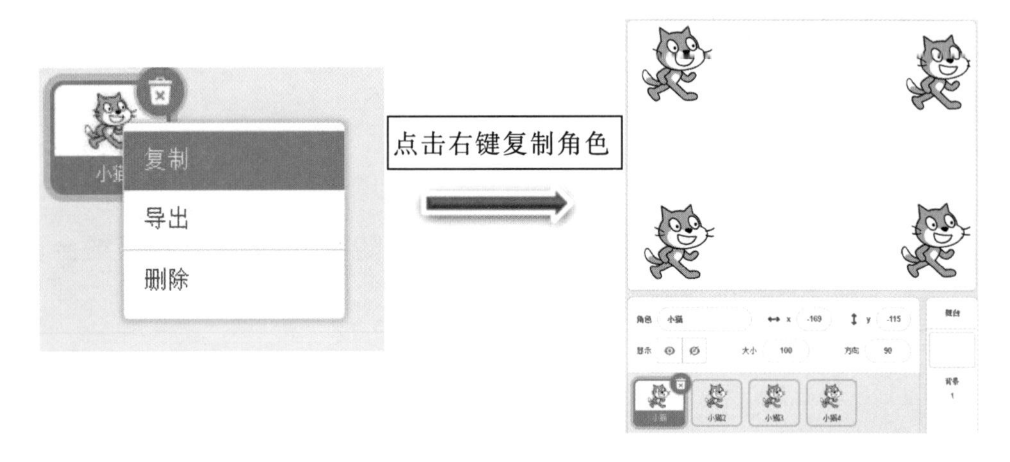

3 第三步:为每个小猫编写脚本。

可直接编辑或以拖动转盘指针的形式修改积木块内的数值。

4 第四步：点击相应积木块，并观察程序的执行效果。

5 修改角色方向的另一种方法：修改角色方向信息。

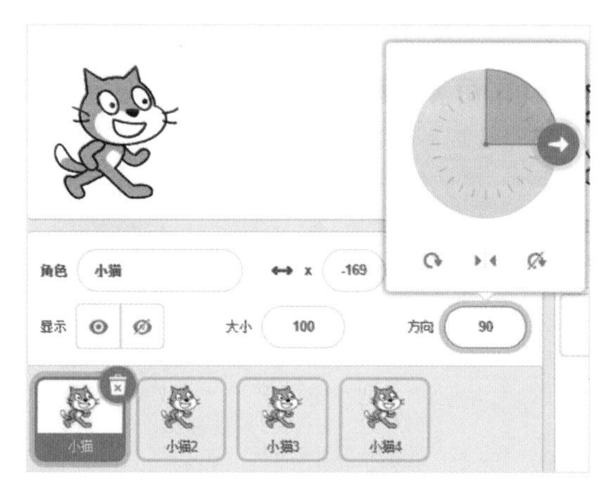

6 勾选运动模块中的“方向”积木块，可以在舞台上显示角色的方向。

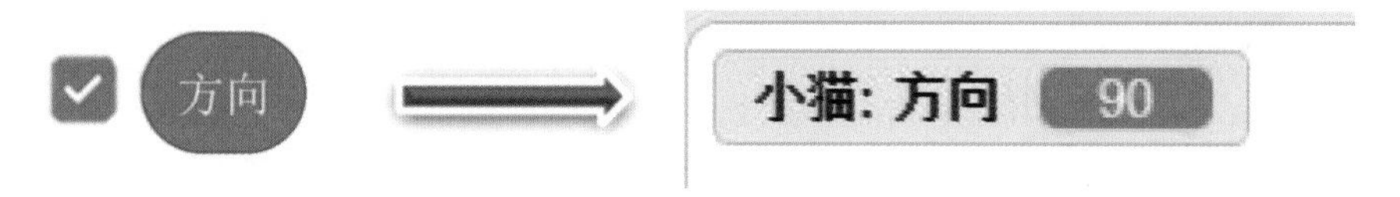

扫一扫

扫描下方二维码,获取本示例的视频教程。

想一想

如何让小猫朝向60度方向?你有几种方法?

2.8 好朋友面面相觑(面向……)

1 第一步:打开软件,修改角色名称为“小猫”。

2 第二步:添加蝴蝶角色,并修改角色名称。

3 第三步：拖出“面向鼠标指针”积木块，并点击白色倒三角将“鼠标指针”修改为“蝴蝶”。

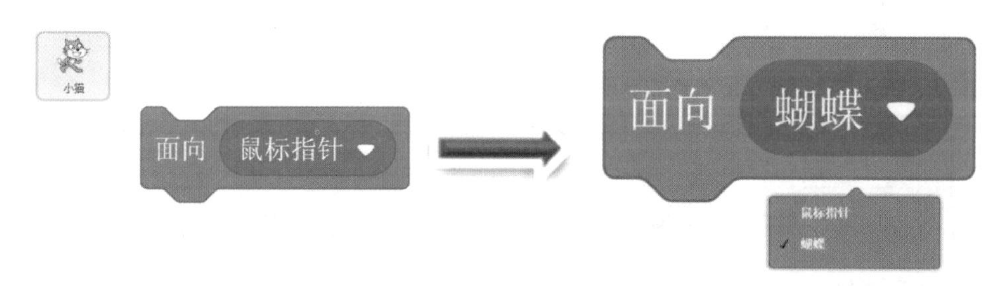

4 第四步：点击执行程序，就可以看到小猫已经面向蝴蝶啦。

扫描下方二维码，获取本示例的视频教程。

通过“面向蝴蝶”积木块，可以让小猫面向它的好朋友蝴蝶，那么有什么办法可以让我们编写的程序更有意思呢？

程序方向

- 与之前学过的“面向……方向”和“在……内滑行到……”积木块相结合，让小猫在屋子里随意运动，然后运动到蝴蝶的身边再面向蝴蝶。

情节方向

- 为舞台添加书房背景，小猫在书房里到处寻找书籍，然后突然发现蝴蝶的到来，并转身面向蝴蝶。

2.9 精确的执行（将x/y坐标增加/设为……）

1 还记得前面学过的“移到 x:……y:……”的积木块吗？

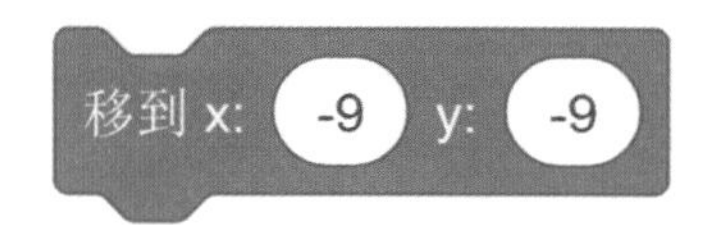

2 通过“将 x/y 坐标增加……”积木块，可以单独修改角色的横坐标(x)和纵坐标(y)。

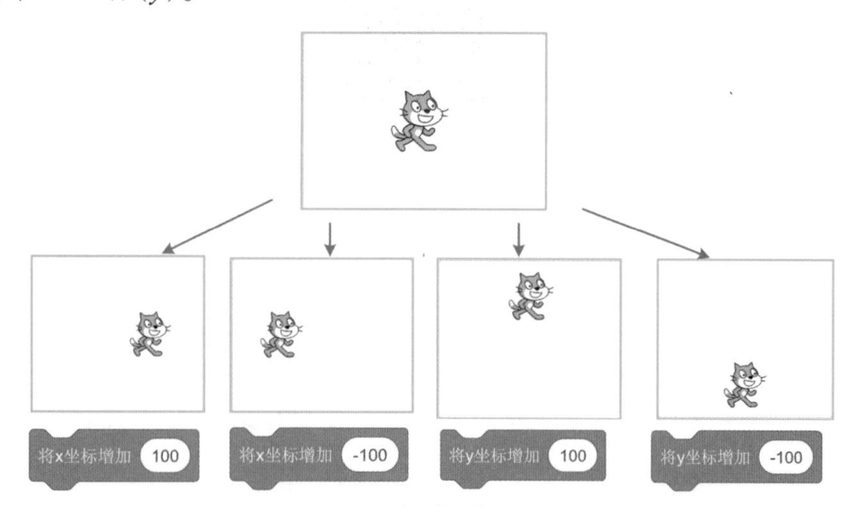

在这里为了使运动效果明显一些，设定了较大的数值。

3 使用“将 x/y 坐标设为……”积木块，可以设定角色的坐标位置；然后与“移到 x:……y:……”积木块相比较。

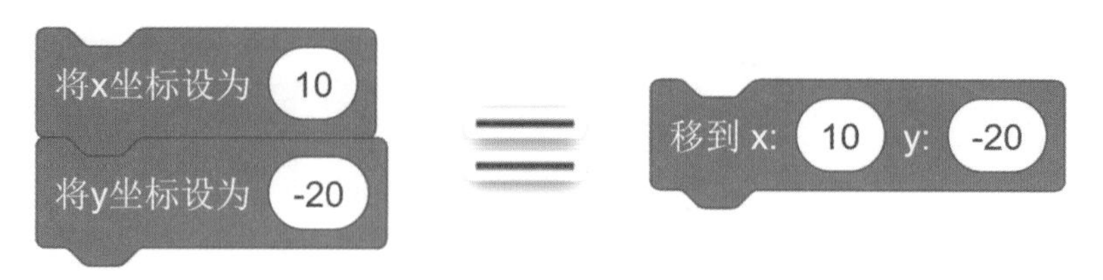

4 勾选“x/y坐标”积木块，可以在舞台上显示角色的坐标信息。

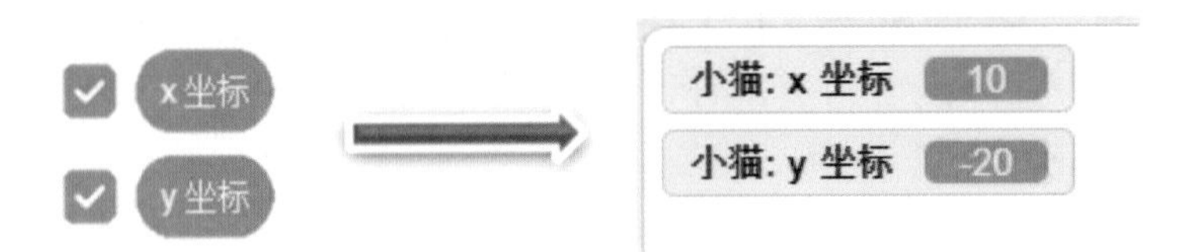

扫一扫

扫描下方二维码，获取本示例的视频教程。

2.10 小猫奇遇记（碰到边缘就反弹/将旋转方式设为……）

1 第一步：用我们已经学过的程序让小猫运动起来，如图组合程序。

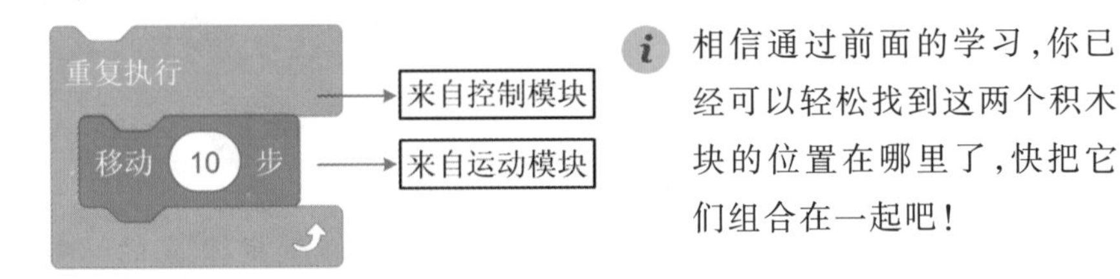

相信通过前面的学习，你已经可以轻松找到这两个积木块的位置在哪里了，快把它们组合在一起吧！

2 第二步：点击执行程序，你会发现什么？

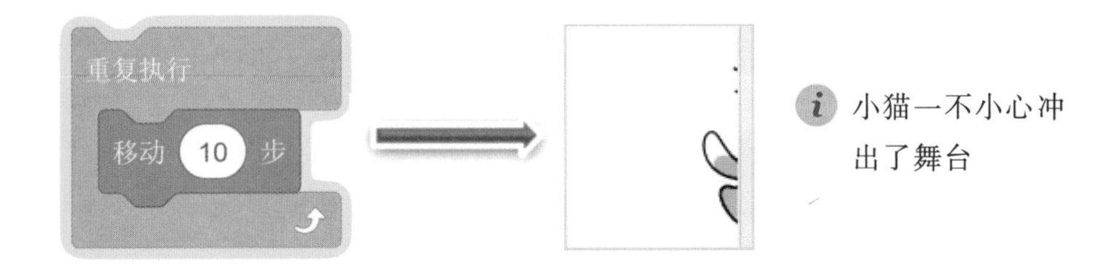

小猫一不小心冲出了舞台

3 第三步：将“碰到边缘就反弹”积木块加入程序中试一下吧！

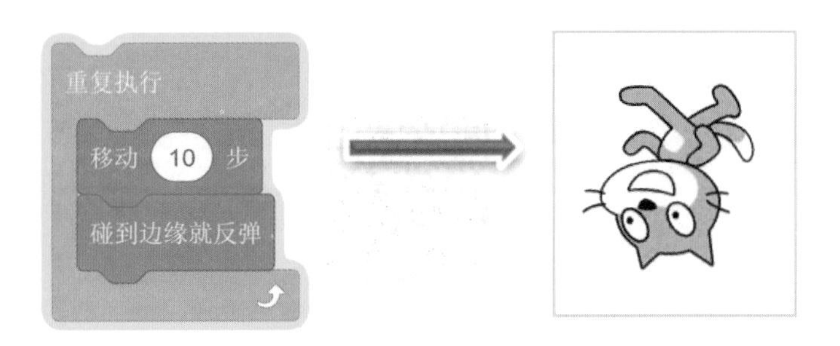

小猫从边缘反弹了回来，但是它的方向是不是不太对呢？

4 第四步：修改小猫旋转方式，有两种方法。

方法一：

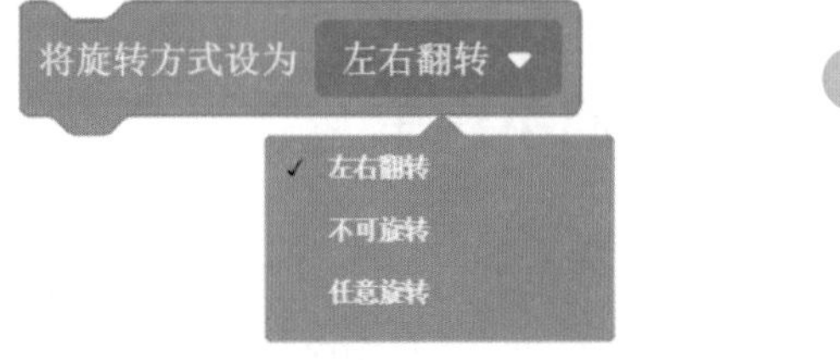

通过“将旋转方式设为……”积木块，可以将角色的旋转方式设为“左右翻转/不可旋转/任意旋转”。

方法二：

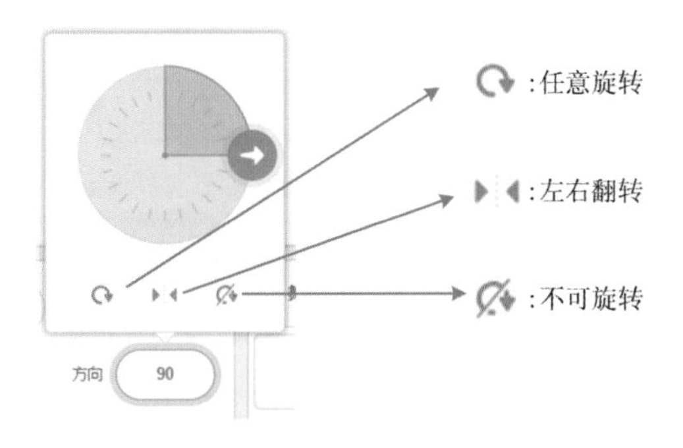

5 第五步：选择“将旋转方式设为左右翻转”，点击执行程序，让小猫恢复正常。

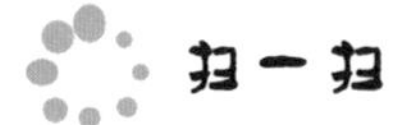

扫一扫

扫描下方二维码，获取本示例的视频教程。

想一想

如果将小猫的旋转方式设为不可旋转，会发生什么？

2.11 综合案例一：不断穿梭的小汽车

1 第一步：删除默认的小猫角色，添加角色“Convertible 2”，并修改角色名称为“小汽车”。

2 第二步：为舞台添加背景“Colorful City”。

3 第三步：为小汽车编写脚本，让小汽车可以在城市间来回穿梭。

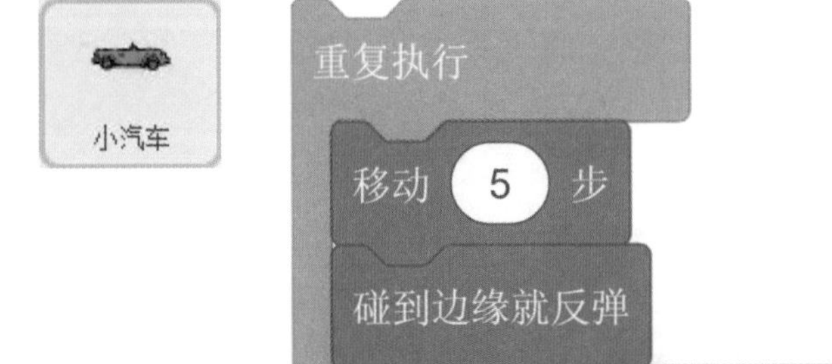

4 第四步：点击执行程序，小汽车就可以在城市间来回穿梭啦！

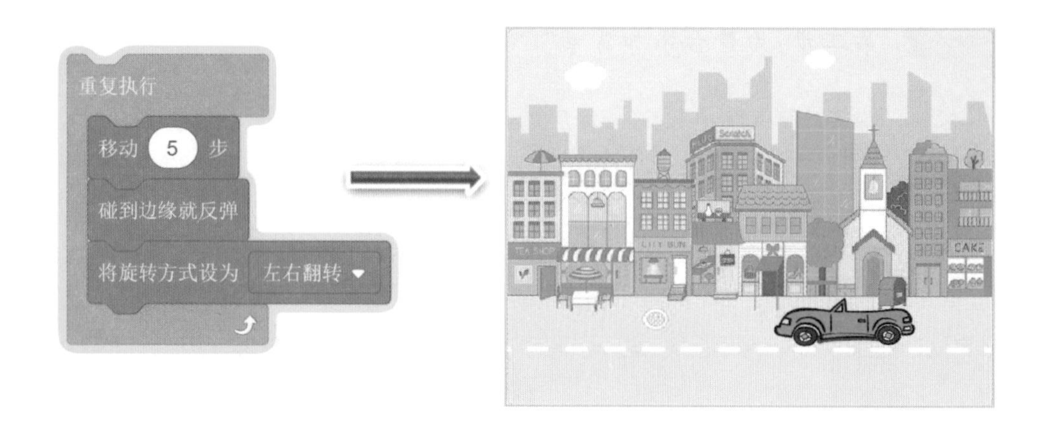

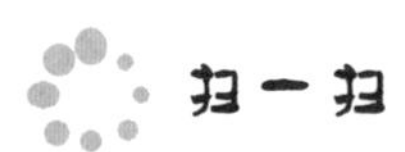

扫一扫

扫描下方二维码,获取本示例的视频教程。

案例解析

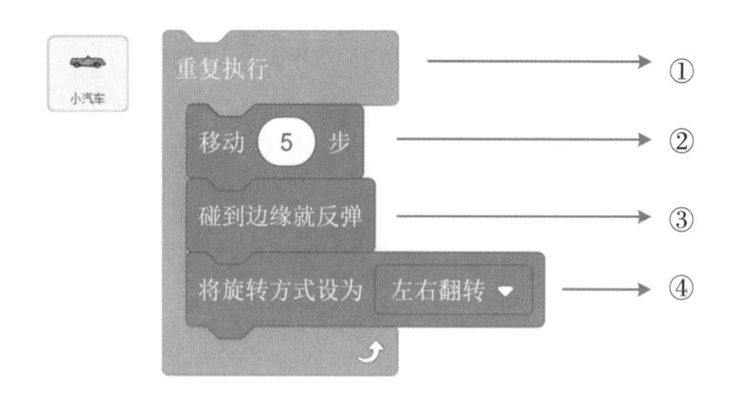

① 重复执行

所属模块:控制模块。

作用：重复执行所包含的“移动5步”“碰到边缘就反弹”“将旋转方式设为左右翻转”积木块，让小汽车在舞台上不断运动，并在碰到舞台边缘后返回继续行驶，不倒转。

② 移动5步

所属模块：运动模块。

作用：让小汽车在现有方向上向前移动5步。

③ 碰到边缘就反弹

所属模块：运动模块。

作用：让小汽车在碰到舞台边缘后转向相反的方向。

④ 将旋转方式设为左右翻转

所属模块：运动模块。

作用：不改变小汽车的面向方向，但规定方向为0~180(不含0)时，小汽车朝右，当方向为负时(含0)，小汽车朝左，且过程中只翻转不旋转，防止小车在碰到边缘后出现倒转的情况。

2.12 综合案例二：欢乐晴空

1 第一步：删除默认的小猫角色，分别添加角色“Chick”“Tree1”“Apple”“Butterfly 2”“Sun”。

2 第二步：修改角色名称，分别为“小鸡”“树”“苹果”“蝴蝶”“太阳”。

3 第三步：修改“苹果”角色大小为50，添加背景“Blue Sky”，并将其余角色拖到对应位置。

4 第四步：为各个角色编写程序。

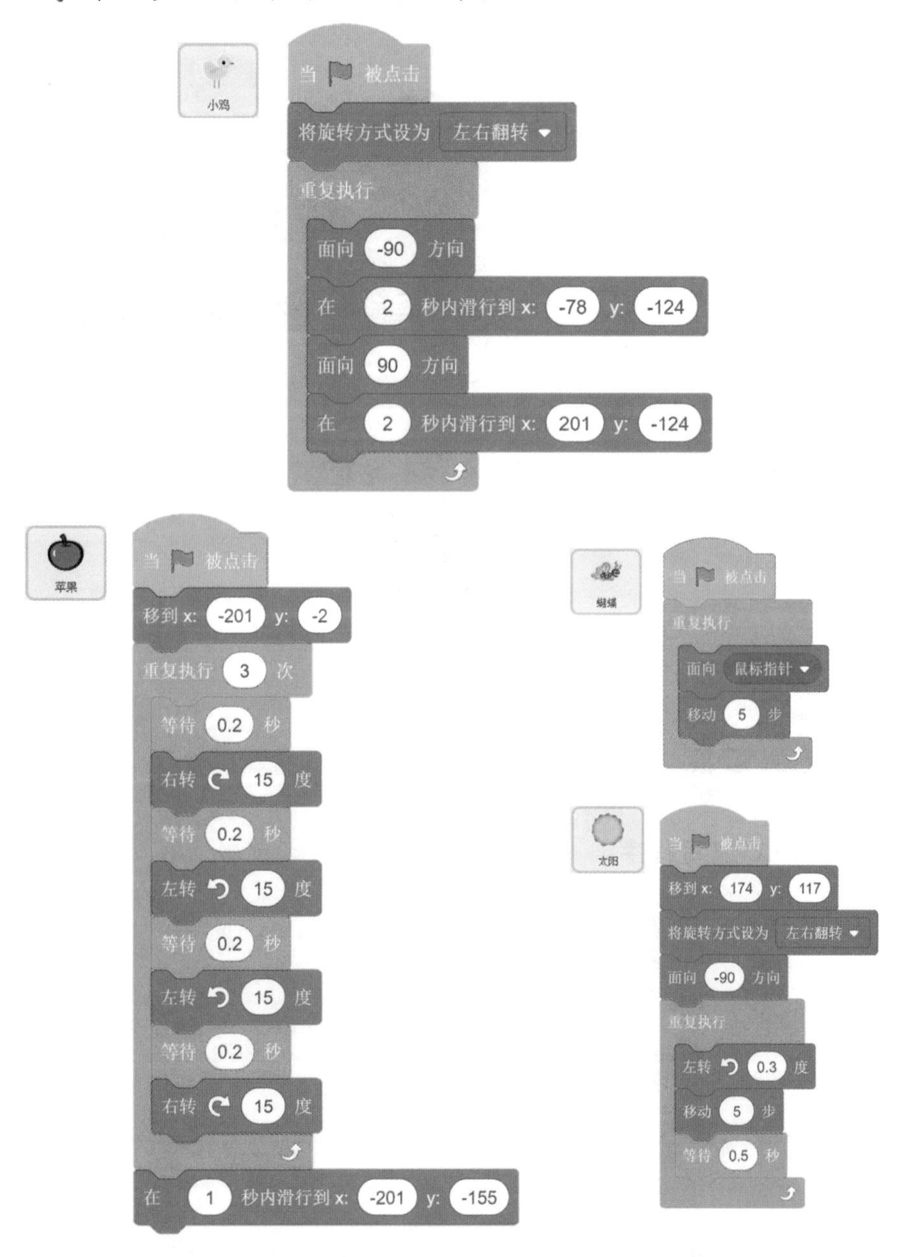

5 第五步：点击舞台上方绿色小旗子，就会发现各个角色都开始动了起来。

其中蝴蝶的运动方式最为特别，它总是会朝着鼠标指针的位置运动。

扫一扫

扫描下方二维码，获取本示例的视频教程。

案例解析

1. 为小鸡编写程序

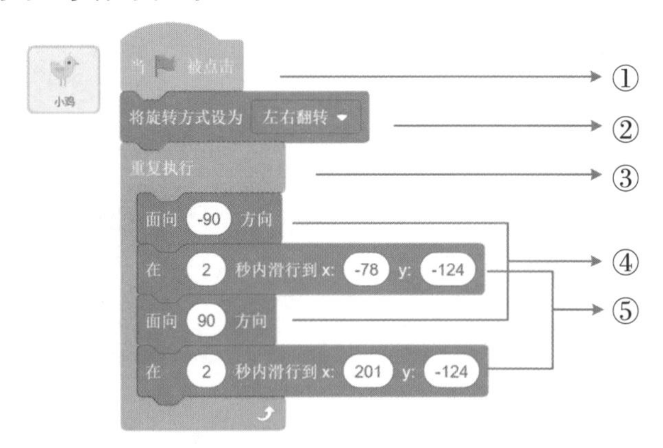

① 当⚑被点击

所属模块：事件模块。

作用：通过点击舞台上方⚑按钮，使程序开始执行。

② **将旋转方式设为左右翻转**

所属模块：运动模块。

作用：不改变小鸡的面向方向，但规定方向为0~180（不含0）时，小鸡朝右，当方向为负时（含0），小鸡朝左，且过程中只翻转不旋转，防止小鸡在面向−90时出现倒转的情况。

③ **重复执行**

所属模块：控制模块。

作用：重复执行所包含的积木块，让小鸡可以在舞台上不断运动。

④ **面向90/−90方向**

所属模块：运动模块。

作用：让小鸡朝向正确的方向运动。

⑤ **在2秒内滑行到x：……y：……**

所属模块：运动模块。

作用：在2秒内让小鸡滑行到指定地点。

2. 为苹果编写程序

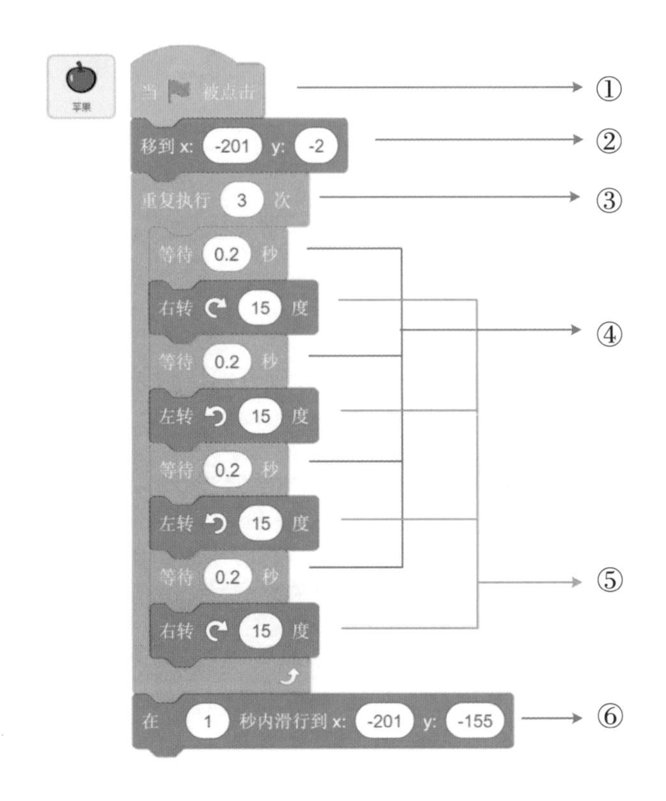

① 当⚑被点击

所属模块：事件模块。

作用：通过点击舞台上⚑按钮，使程序开始执行。

② 移到x：……y：……

所属模块：运动模块。

作用：确定苹果在树上时的初始位置，使程序每次开始时都从这个位置开始。

③ 重复执行3次

所属模块：控制模块。

作用：重复执行3次该积木块内所包含的内容，让苹果左右晃动3次。

④ 等待0.2秒

所属模块：控制模块。

作用：让苹果在每次晃动后稍作停顿，减慢苹果晃动效果。

⑤ 右转↻/左转↺15度

所属模块：运动模块。

作用：使苹果朝不同方向旋转15度，组合产生晃动效果。

⑥ 在1秒内滑行到x：……y：……

所属模块：运动模块。

作用：在1秒内让小鸡滑行到指定地点。

3. 为蝴蝶编写程序

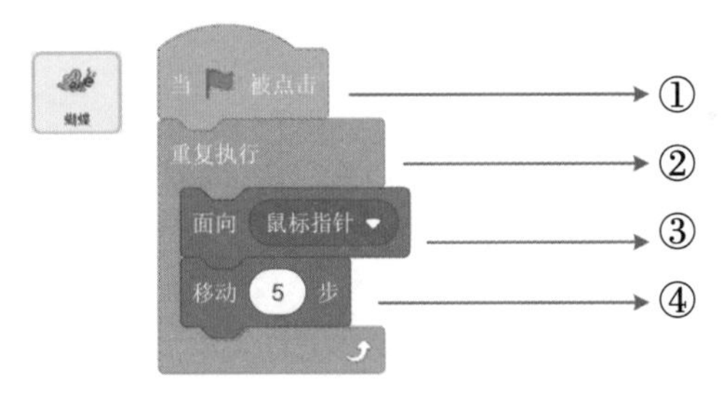

① 当⚑被点击

所属模块：事件模块。

作用：通过点击舞台上⚑按钮，使程序开始执行。

② **重复执行**

所属模块：控制模块。

作用：重复执行“面向鼠标指针”与“移动5步”，让蝴蝶可以不断地朝向鼠标指针运动。

③ **面向鼠标指针**

所属模块：运动模块。

作用：在程序执行时使角色方向朝向鼠标指针所处的位置。

④ **移动5步**

所属模块：运动模块。

作用：让蝴蝶在现有方向上向前移动5步。

4. 为太阳编写程序

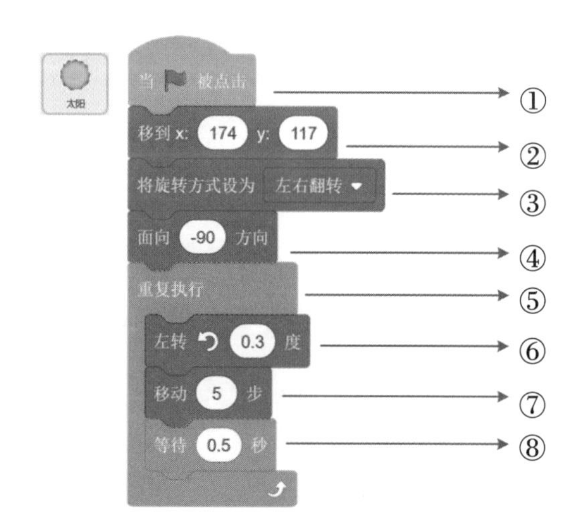

① **当⚑被点击**

所属模块：事件模块。

作用：通过点击舞台上方⚑按钮，使程序开始执行。

② **移到 x：……y：……**

所属模块：运动模块。

作用：确定太阳在天空中的初始位置，使太阳每次都在这个位置出现。

③ **将旋转方式设为左右翻转**

所属模块：运动模块。

作用：改变角色面向方向时只翻转不旋转，防止太阳在面向-90时出现倒转的情况。

④ 面向-90方向

所属模块：运动模块。

作用：让太阳朝向左。

⑤ 重复执行

所属模块：控制模块。

作用：重复执行所包含的积木块，让太阳不断地调整方向并进行运动。

⑥ 左转↶0.3度

所属模块：运动模块。

作用：使太阳在运动过程中不断调整角度，产生太阳落山的效果。

⑦ 移动5步

所属模块：运动模块。

作用：让太阳在现有方向上向前移动5步。

⑧ 等待0.5秒

所属模块：控制模块。

作用：让太阳在每次移动后稍作停顿，减慢太阳落山的效果。

本章小结：

运动模块中的积木块可以使舞台上的角色动起来、改变面向方向、调节旋转角度等等，具有非常大的力量！在这里我们只对每个模块进行了基本的讲解，通过与其他模块中的积木块进行组合还可以给角色发出更多的指令，制作出更有趣的小游戏！

STE@M

第3章

变幻莫测（外观模块）

外观模块可以控制角色说话、思考、变换造型与背景，改变角色颜色等等。

本章重难点

本章重点

- 说话与思考(对应小节:3.1)
- 下一个造型(对应小节:3.2)
- 将大小增加……(对应小节:3.4)

本章难点

- 理解与掌握造型的概念
- 理解与掌握特效的概念

3.1 犹豫不定的小女孩（说话与思考）

1 第一步：删除默认的小猫角色，把会跳舞的小女孩添加进来，并将角色名称“Ballerina”修改为“小女孩”。

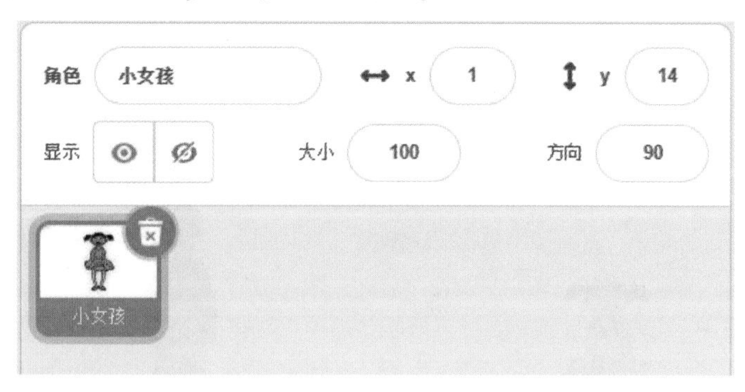

2 第二步：为小女孩寻找一个好朋友，将角色名称“Kai”修改为“男孩”，并将他们在舞台上分开一段距离。

3 第三步：为男孩编写脚本，拖出“说你好！”积木块，将其内容修改为“你能为我表演一个节目吗？”。

4 第四步：为小女孩编写脚本，拖出“思考……”积木块，将其内容修改为“我是唱歌还是跳舞呢？”。

5 第五步：分别点击执行程序，就能看到角色可以说话与思考了。

❓ 注意观察和思考在动画上的区别哦！

6 第六步：将小女孩的程序更换为“说‘我是唱歌还是跳舞呢？’2秒”。

7 第七步：分别点击男孩和小女孩的程序，观察“说……2秒”和“说……”的区别。

ℹ 我们可以观察到他们在舞台区展示的对话框是一样的，但是“说……”积木块运行之后，在舞台区会一直显示该对话框，而“说……2秒”在舞台区的对话框展示2秒后就会自动消失。

扫描下方二维码,获取本示例的视频教程。

通过"说话与思考"积木块,可以让小女孩和男孩之间进行对话和思考,那么有什么办法可以让我们编写的程序更有意思呢?

程序方向

- 结合之前学过的"在……秒内滑行到……"积木块,可以让小女孩缓慢地在屋子里踱步一圈之后再显示她思考的内容。

情节方向

- 为舞台添加联欢会的背景,并摆放好吉他、架子鼓等乐器,让小女孩思考后回答自己要表演的节目后,用说话的形式回答男孩提出的问题。

3.2 和小女孩学习跳舞（换成……造型/下一个造型）

1 第一步：删除默认的小猫角色，把会跳舞的小女孩添加进来，并将角色名称“Ballerina”修改为“小女孩”。

2 第二步：小女孩决定为大家展示她的舞蹈，先为她布置一下场地吧。

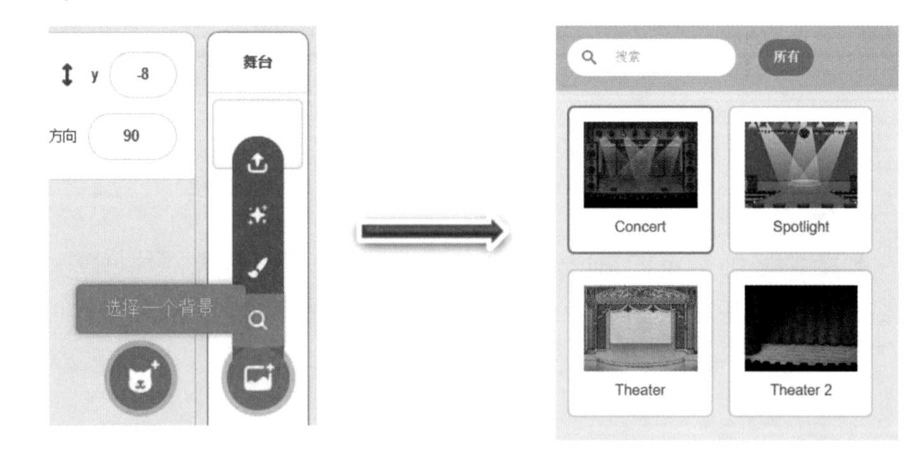

3 第三步：拖曳“换成……造型”积木块到脚本区，为小女孩选择四种造型。

4 第四步：分别点击每一个积木块，让小女孩跳起舞来吧！

5 第五步：想要快速切换造型，一个积木块就能搞定！快来试试“下一个造型”积木块吧！

6 第六步：勾选“造型编号”积木块，可以在舞台区实时观察当前角色的造型信息。

扫一扫

扫描下方二维码，获取本示例的视频教程。

通过“下一个造型”积木块，可以让小女孩不停地跳舞，那么有什么办法可以让我们编写的程序更有意思呢？

程序方向

- 结合之前学过的“移动10步”积木块，可以让小女孩在完成一套动作之后换到另一个地方再重新开始动作，而不只是在原地跳舞。

情节方向

- 让小女孩从舞台的一侧走到台上，并以说话的形式为大家报幕，然后开始自己的演出。

3.3 风景相册（换成……背景/下一个背景）

1 第一步：删除默认的小猫角色，设置舞台背景为风景图片。

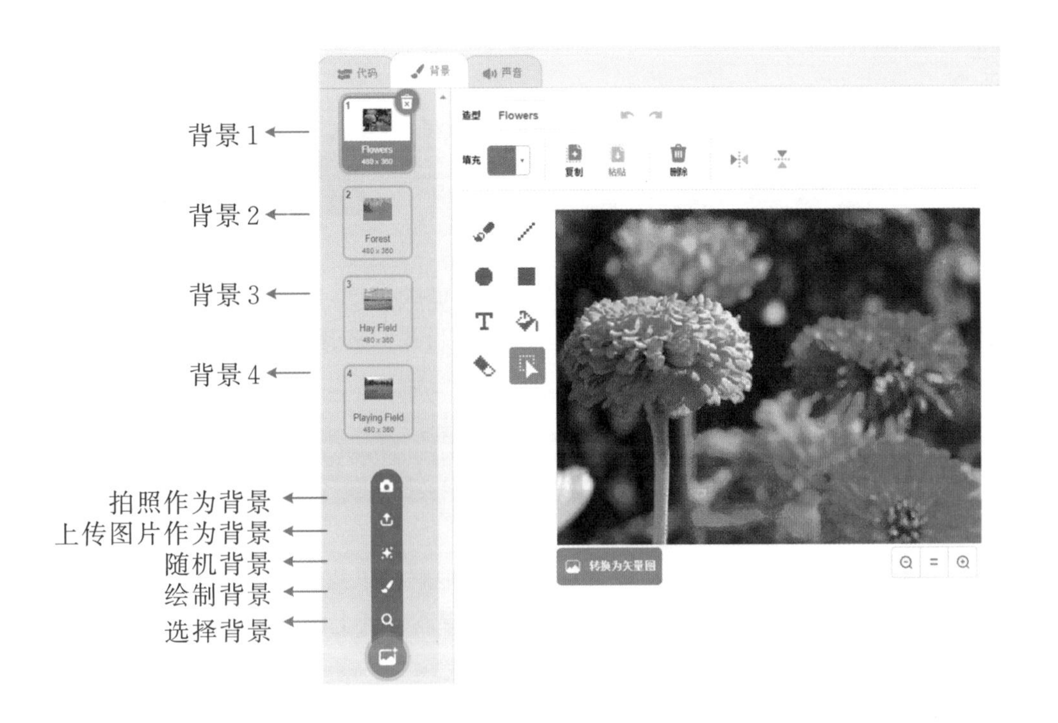

2 第二步：回到代码标签页为舞台编写脚本，拖出"换成……背景"积木块。

通过选择不同的背景执行程序，可以让背景切换成对应的风景图片。

3 “换成……背景/下一个背景/换成……背景并等待”积木块的区别。

“换成……背景”积木块的用法我们已经讲过，值得注意的是在它的下拉选项中有一项是“下一个背景”。当我们选择这个选项时，这个积木块的作用就等同于“下一个背景”。

“换成……背景并等待”积木块很好地解决了我们需要在一段动画结束之后需要切换背景的问题，它会等待该背景上的角色执行完程序后再自动跳转到其他背景上。

4 勾选“背景编号”积木块，可以实时了解当前背景的编号。

扫一扫

扫描下方二维码，获取本示例的视频教程。

3.4 变大变小（将大小增加……/将大小设为……）

1 第一步：删除默认的小猫角色，添加拥有改变大小能力的"Gobo"，并修改角色名称为"小精灵"。

2 第二步：拖出"将大小增加10"积木块，并将数值修改为100。

3 第三步：点击执行程序，观察小精灵的外观变化。

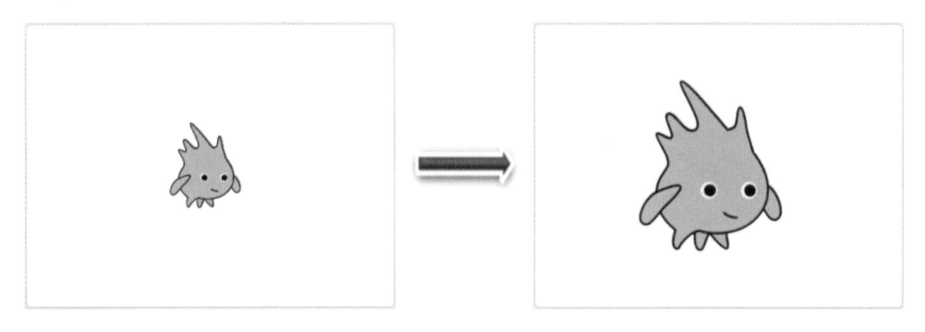

? 可以看到，小精灵的体型变得非常巨大，有什么办法让它变小呢？

4 第四步：将积木块内数值修改为“-50”，点击执行程序，看看有什么样的效果吧！

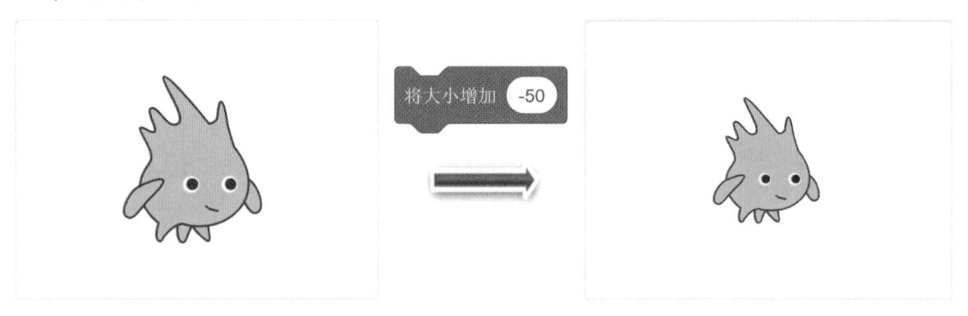

由此可见，通过修改积木块内的数值，可以控制角色的变大和变小。数值为正对应角色变大，数值为负对应角色变小。

5 设定角色大小有两种方式。

方式一：“将大小设为……”

方式二：修改角色大小信息

6 通过勾选“大小”积木块，可以将角色的大小信息直接在舞台区显示出来，以便查看。

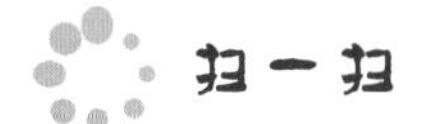

扫描下方二维码，获取本示例的视频教程。

通过“将大小增加……/将大小设为……”积木块，可以让小精灵变大或者变小，那么有什么办法可以让我们编写的程序更有意思呢？

程序方向

- 结合之前学过的“说话”积木块，让小精灵在改变大小之前先向大家介绍自己所要表演的魔法，接着再开始表演。

情节方向

- 加入初始体型比小精灵要大得多的恐龙，在它们比较自己体型的大小时，小精灵使用变大魔法获得了胜利！

3.5 变色龙（将……特效增加……/将……特效设定为……/清除图形特效）

1 第一步：删除默认的小猫角色，添加角色“Dinosaur1”，并将其名称修改为“变色龙”。

2 第二步：拖出“将颜色特效增加25”积木块，点击执行并观察结果。

可以看到，每次点击都会使变色龙改变颜色。试试修改里面的数值，你会得到更多颜色的变色龙哦。

3 也可以直接为变色龙设定颜色参数，产生对应颜色的变色龙。

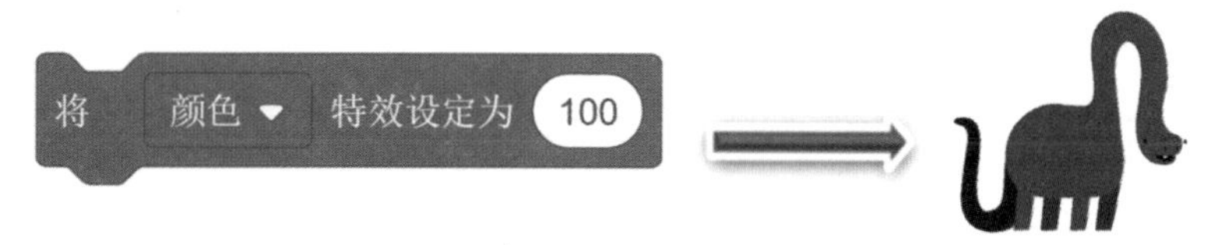

4 点击白色倒三角会发现还有很多有趣的特效，选择其中一个尝试一下吧。

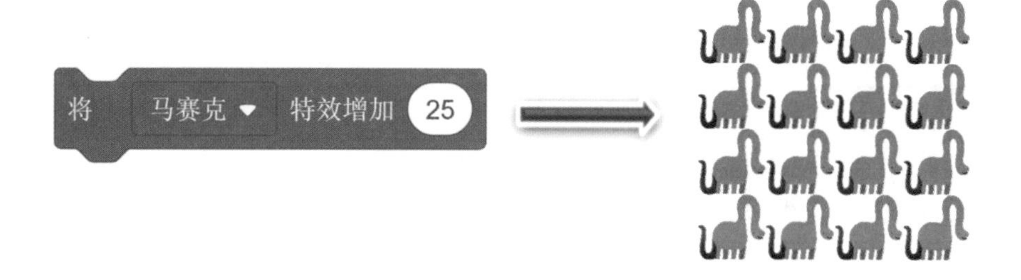

5 用了太多特效没办法回到原来的样子怎么办？使用“清除图形特效”积木块，一步帮你搞定。

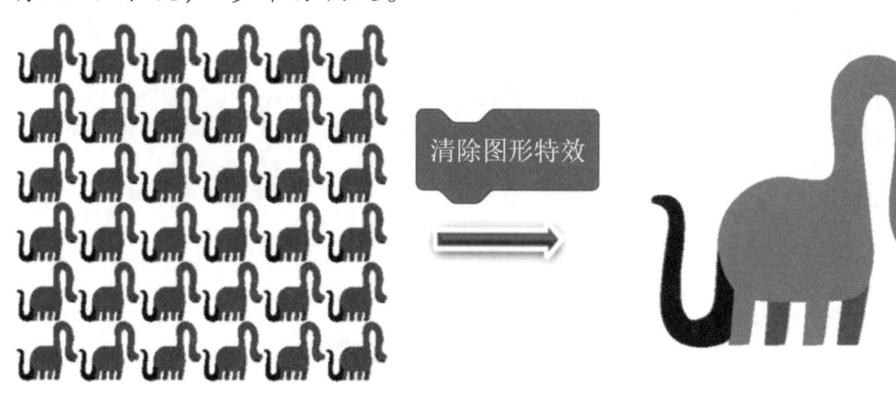

扫一扫

扫描下方二维码,获取本示例的视频教程。

练一练

看看你能不能分辨使用了特效的变色龙,将对应的变色龙与特效连接起来吧!

3.6 小精灵的隐身之术(显示/隐藏)

1 第一步:删除默认的小猫角色,添加"Gobo",并修改角色名称为"小精灵"。

2 第二步：实现小精灵隐身之术，有两种方法。

方法一：使用“隐藏”积木块

方法二：修改角色显示状态

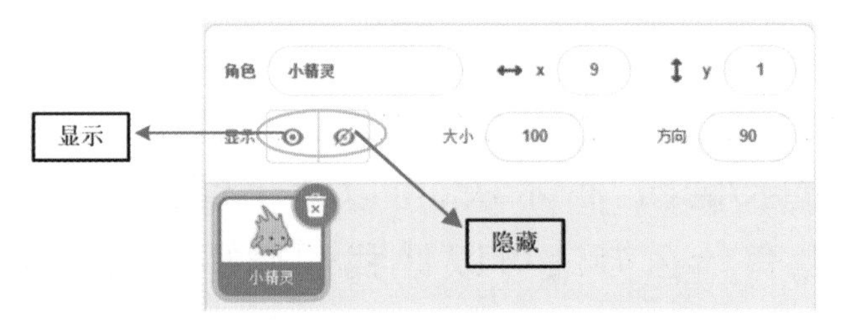

3 第三步：让小精灵出现，同样可以使用两种方法。

方法一：

方法二：显示

扫描下方二维码，获取本示例的视频教程。

通过“显示/隐藏”积木块，可以让小精灵掌握隐身魔法，那么有什么办法可以让我们编写的程序更有意思呢？

程序方向

- 结合之前学过的“移到随机位置”积木块，让小精灵隐身和显示多次，并且在每次隐身之后执行一次“移到随机位置”，使小精灵每次都出现在不同的地方。

情节方向

- 小精灵来到城堡里，与魔法师进行对话，说想要学习隐身魔法。

3.7 按照体型大小排队（移到最前面/前移……层）

1 第一步：删除默认的小猫角色，添加"Chick""Horse"和"Dinosaur1"角色，并分别修改名称为"小鸡""马""恐龙"。

2 第二步：为了在拍照时可以看到每一个动物，它们需要按照体型从小到大的顺序排序，将小鸡移至最前。

3 第三步：现在体型中等的马在最后面，我们需要使用"前移1层"积木块让它移到前面来。

4 按照体型的大小排好顺序后，每一个动物都可以在照片中看到自己啦！

扫一扫

扫描下方二维码，获取本示例的视频教程。

想一想

如果出现这样的顺序，你要怎样给动物们排队？你有几种方法？

3.8 综合案例：拥有魔法的河马

1 第一步：删除默认的小猫角色，添加“Hippo1”，并修改角色名称为“河马”。

2 第二步：添加舞台背景“Castle 1”。

3 第三步：为河马编写程序，使河马拥有魔法。

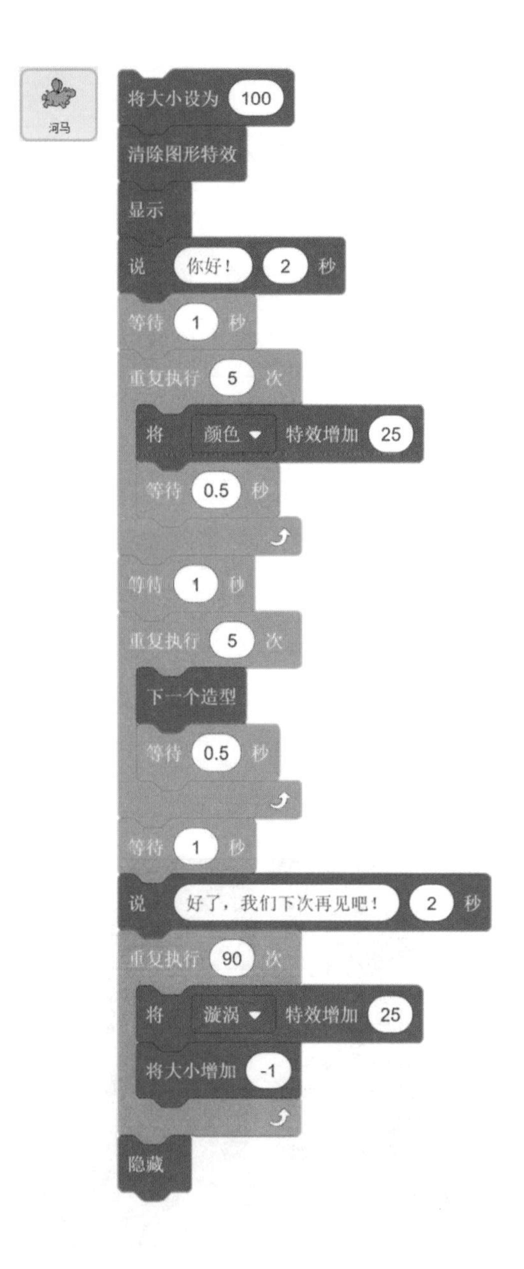

4 第四步：点击执行程序，让我们一起来数一数河马一共展示了几种魔法吧！

扫一扫

扫描下方二维码,获取本示例的视频教程。

案例解析

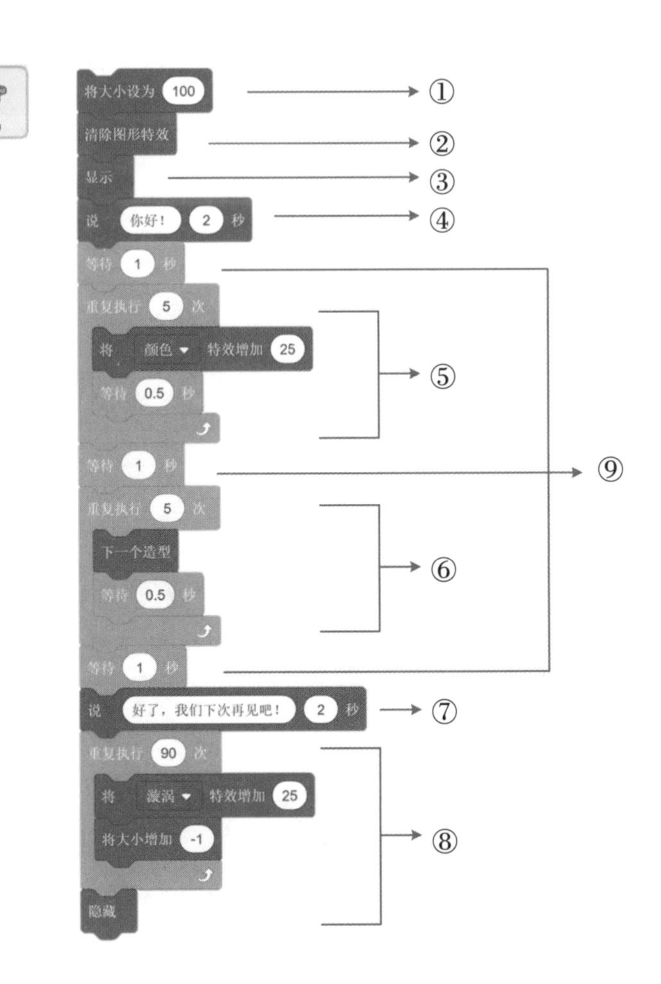

① **将大小设为100**

所属模块:外观模块。

作用:设定河马的初始大小,以便在下一次执行程序时河马可以恢复原来的大小。

② **清除图形特效**

所属模块:外观模块。

作用:清除角色身上所具有的颜色、鱼眼、像素化等特效,使角色恢复初始状态。

③ **显示**

所属模块:外观模块。

作用:角色的状态为“显示”,使其在舞台上可以显现出来。

④ **说“你好!”2秒**

所属模块:外观模块。

作用:让河马在舞台上以对话框的形式说出“你好!”

⑤ **变色魔法**

关键积木块属于:外观模块。

作用:每执行一次“将颜色特效增加25”积木块,即可让河马改变一次颜色,重复执行5次就可以让河马改变5次颜色,每次间隔0.5秒,使变色效果更容易被察觉。

⑥ **飞行魔法**

关键积木块属于:外观模块。

作用:河马有两个不同的造型,连续在两种造型间切换就形成了挥动翅膀的效果。每次挥动间隔0.5秒,使挥动频率不至于很快。

⑦ **说“好了,我们下次再见吧!”2秒**

所属模块:外观模块。

作用:让河马在舞台上以对话框的形式说出“好了,我们下次再见吧!”

⑧ **消失魔法**

关键积木块属于:外观模块。

作用：重复执行90次“将漩涡特效增加25”和“将大小增加-1”积木块，让角色在被施加旋转特效的同时不断缩小，最终通过“隐藏”积木块让角色在舞台上彻底消失。

⑨ 等待1秒

所属模块：控制模块。

作用：让角色在不同魔法之间稍作停留，提升动画效果。

本章小结：

控制角色说话、可以改变大小的精灵、会变颜色的恐龙……怎么样，是不是很神奇？掌握这些模块将使你编写的程序变得更加生动有趣，多多练习才是关键，加油吧！

第4章

音乐小店（声音模块）

运用素材库里的各种乐器以及各种音效积木块，可以制作出属于自己的音乐作品！

本章重难点

本章重点

- ◆ 播放声音(对应小节:4.1)
- ◆ 播放声音……等待播完(对应小节:4.1)

本章难点

- ◆ 掌握声音素材库的使用
- ◆ 理解与掌握音调概念

4.1 Pico的音响（声音模块）

1 角色素材库里有各式各样的乐器，完全可以开一家音乐小店啦，快来一起看看吧！

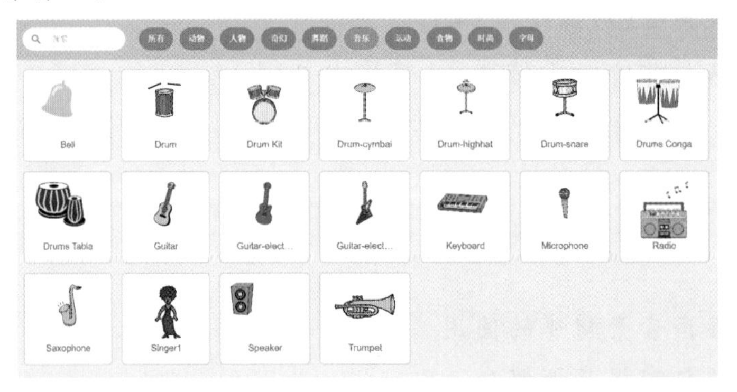

2 喜爱音乐的“Pico”在音乐小店里买了一个音响，于是他决定回家试试音响的效果如何！

3 第一步：新建一个项目，删除默认的小猫角色，添加角色“Speaker”，并改名为“音响”。

4 第二步：添加背景“Bedroom3”，并改名为“Pico的家”。

5 第三步：怎样让音响播放音乐呢？拖出“播放声音……等待播完”积木块，点击执行。

音响已经可以播放音乐了，让我们一起来探索这台音响的更多功能吧。

6 新买的音响里有很多音乐，甚至还可以自己录制音频呢！快点击白色倒三角试一下吧。

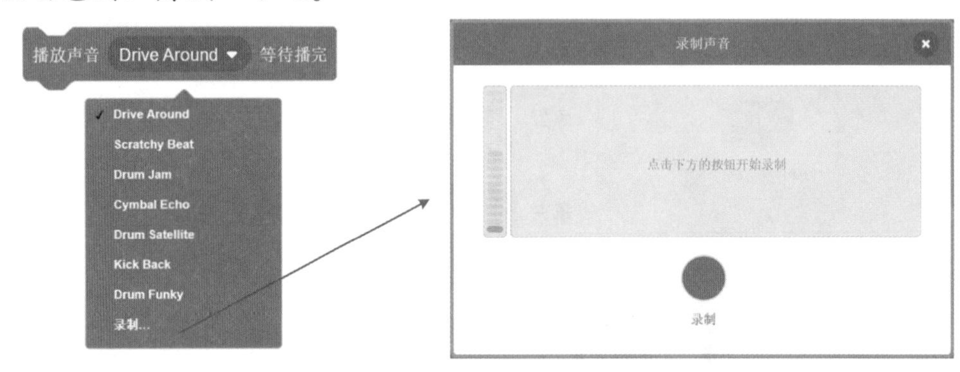

7 怎样让音响停止播放音乐呢？拖出"停止所有声音"积木块，并点击。

8 所有声音都是可以编辑的，先来认识一下声音编辑页面吧。

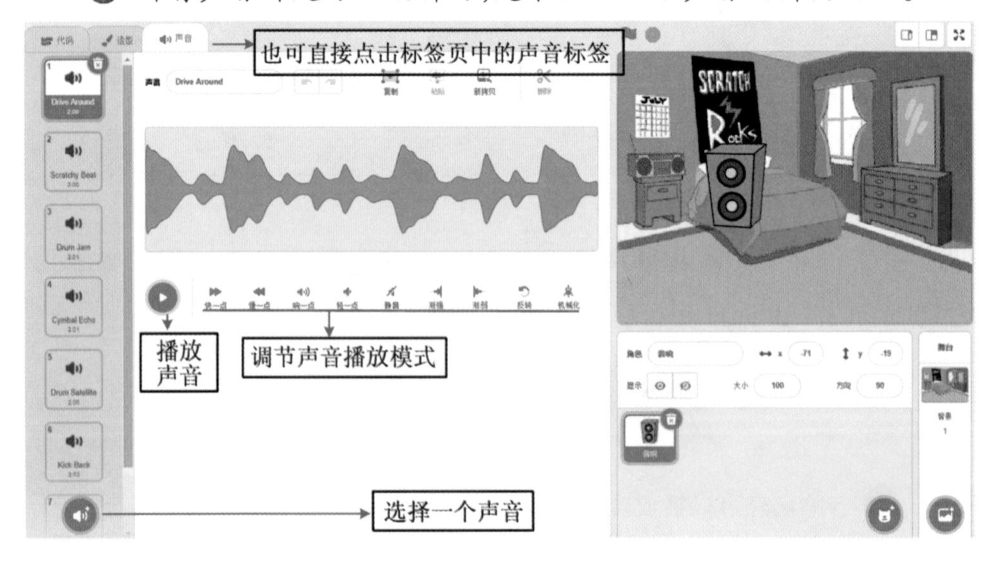

9 这台音响还有什么功能呢？

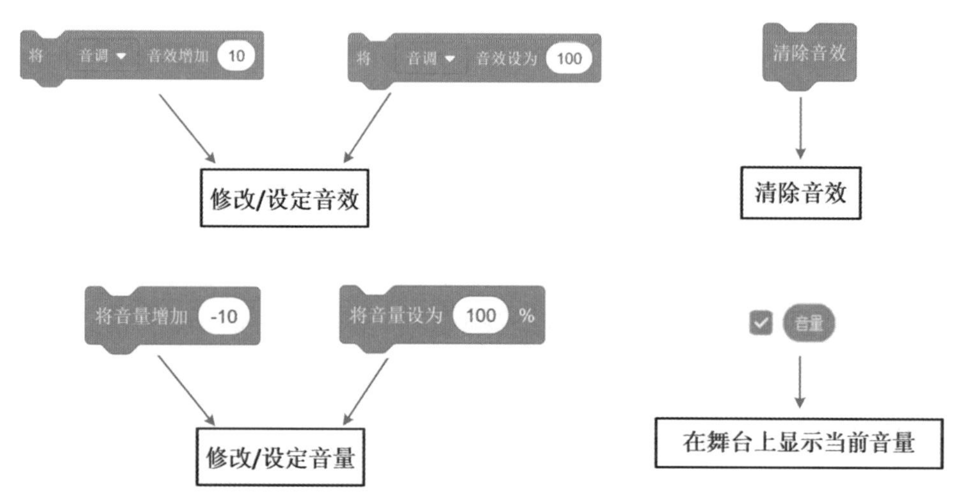

这台音响所具有的所有功能都可以应用在音乐小店内的任何一台乐器上哟！

扫一扫

扫描下方二维码，获取本示例的视频教程。

试一试

在声音模块的积木块中可以看到音响有两种播放模式。分别嵌入“重复执行”积木块，点击程序并观察“播放声音……”与“播放声音……等待播完”积木块有什么区别。

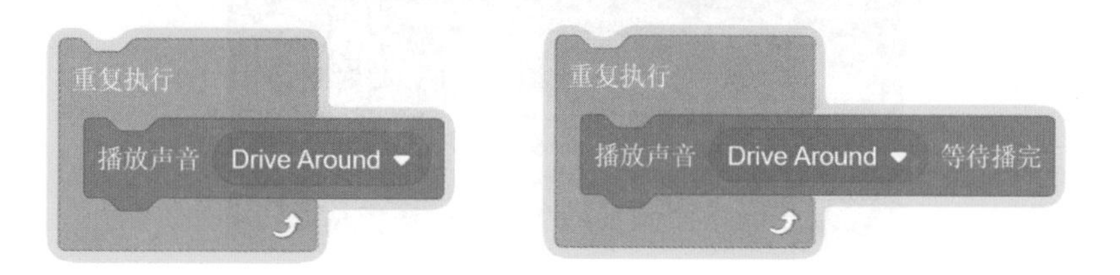

4.2 综合案例：小鸡学说话

背景介绍：一只小鸡与妈妈失去了联系，它连张口说话都还没有学会，于是它一边寻找自己的妈妈，一边学习说话。恰巧前面出现了一只鸭子……

1 第一步：删除默认的小猫角色，添加角色“Chick”和“Duck”，并将角色名称分别修改为“小鸡”和“鸭子”。

2 第二步：选择背景“Forest”，并将角色拖动至如图的位置。

3 第三步:在声音标签内添加新的声音“Duck”。

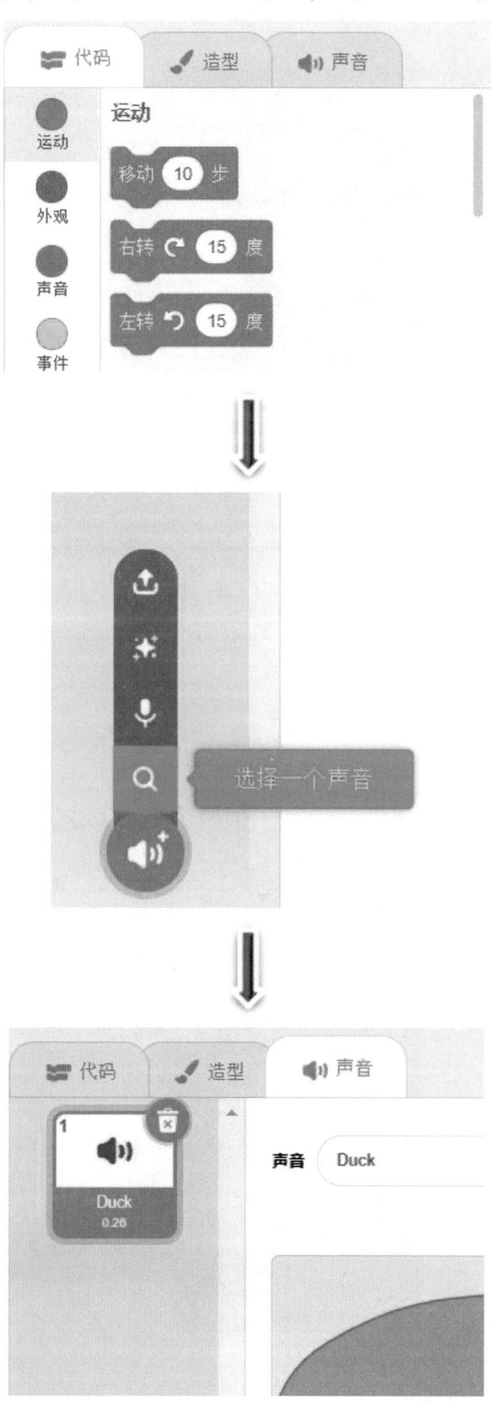

4 第四步：为小鸡编写脚本。

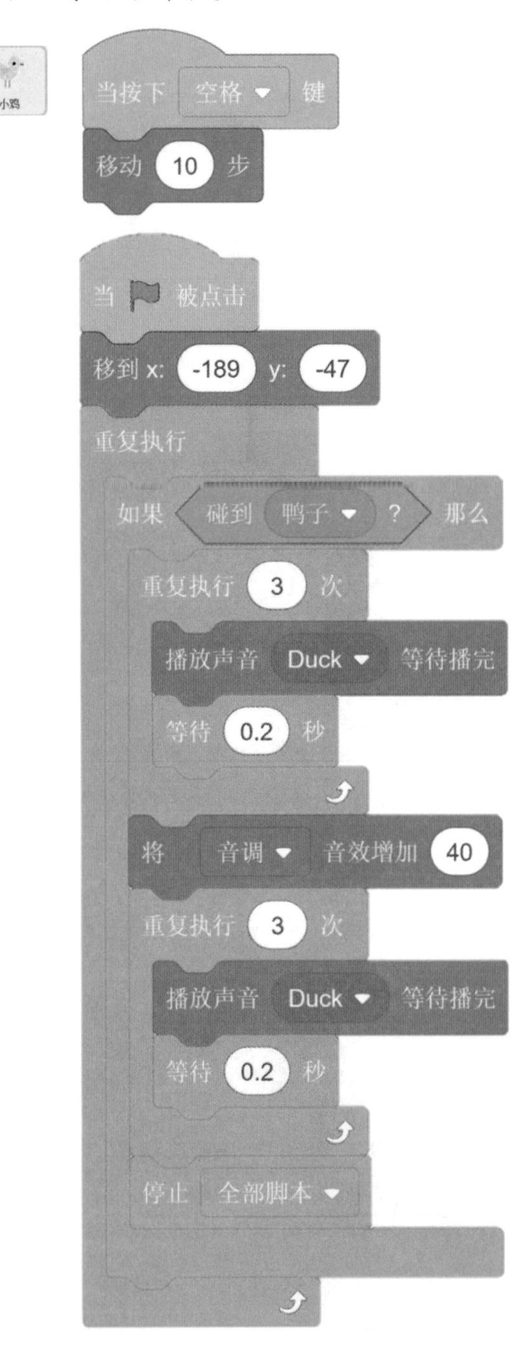

5 第五步：点击⚑执行程序，然后不断点击空格键，使小鸡移动到鸭子的位置，小鸡就会学鸭子说话了。

扫描下方二维码，获取本示例的视频教程。

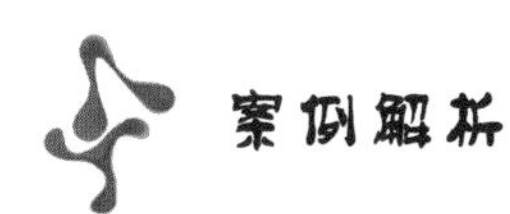

1. 为小鸡移动编写程序

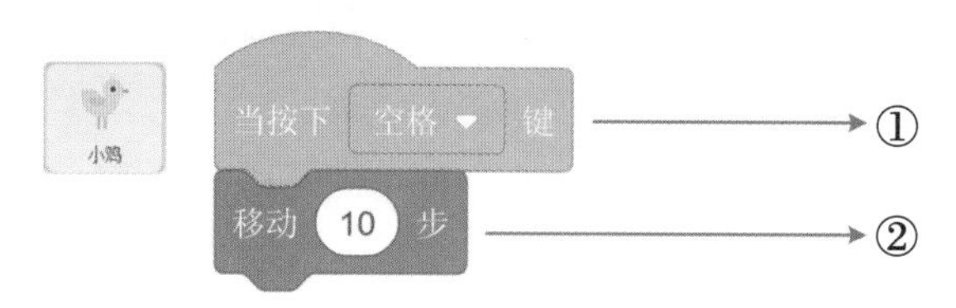

① **当按下空格键**

所属模块:事件模块。

作用:如果键盘上的空格键被按下,那么开始执行这个积木块以下的程序。

② **移动10步**

所属模块:运动模块。

作用:让角色在现在的方向(默认向右)向前移动10步。

2. 为小鸡向鸭子学说话编写程序

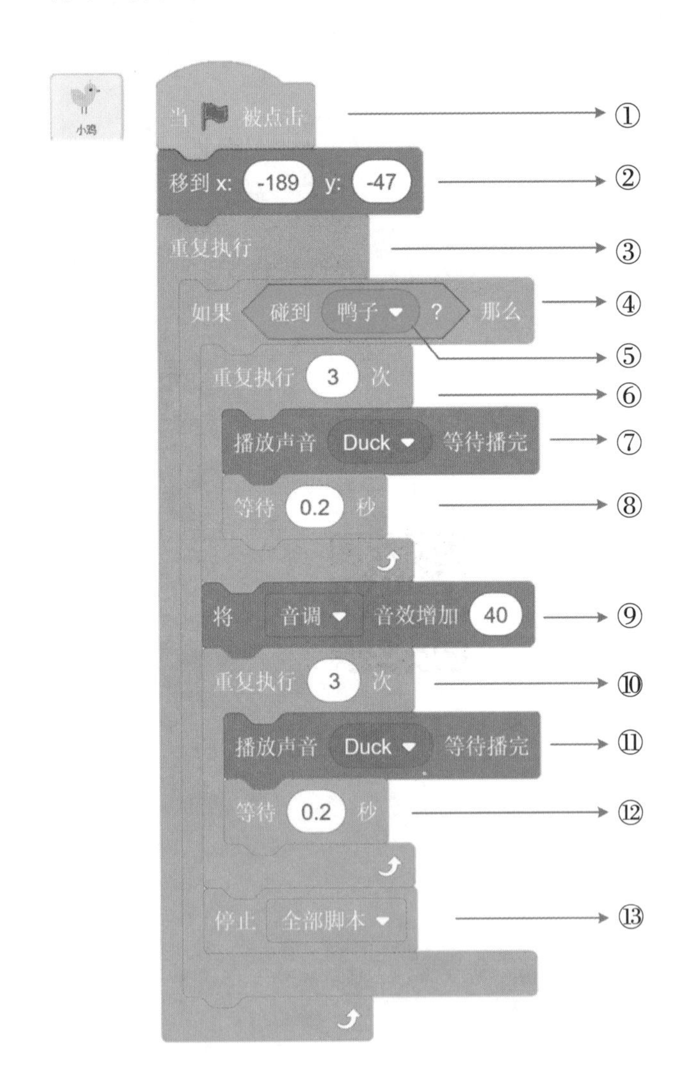

① **当🏳被点击**

所属模块：事件模块。

作用：使程序开始执行。

② **移到x：……y：……**

所属模块：运动模块。

作用：确定小鸡在舞台上的初始位置，使程序每次开始时小鸡都在这个位置出现。

③ **重复执行**

所属模块：控制模块。

作用：重复执行该积木块内所包含的所有程序，在这里添加"重复执行"积木块，是为了使小鸡不断地进行是否碰到了鸭子的判断。

④ **如果……那么……**

所属模块：控制模块。

作用：如果小鸡碰到了鸭子，那么开始执行内部的程序，使小鸡学鸭子的叫声。

⑤ **碰到鸭子**

所属模块：侦测模块。

作用：用来检测小鸡与鸭子之间是否有接触。

⑥ **重复执行3次**

所属模块：控制模块。

作用：重复执行3次鸭子叫和等待0.2秒，使鸭子连续叫3次。

⑦ **播放声音Duck等待播完**

所属模块：声音模块。

作用：播放鸭子的叫声"Duck"。

⑧ **等待0.2秒**

所属模块：控制模块。

作用：在每次鸭子的叫声结束后等待0.2秒，使鸭子连续的叫声不至于过快。

⑨ **将音调音效增加40**

所属模块：声音模块。

作用:在小鸡叫之前将音调升高40。为了让小鸡的声音更加尖细,因为音调越高发出的声音就越尖细。

⑩ 重复执行3次

所属模块:控制模块。

作用:重复执行3次“播放声音Duck等待播完”和“等待0.2秒”,让小鸡连续叫3次。

⑪ 播放声音Duck等待播完

所属模块:外观模块。

作用:播放鸭子的叫声“Duck”,此时的声音已经是升高音调的鸭子叫声。

⑫ 等待0.2秒

所属模块:控制模块。

作用:在每次鸭子的叫声结束后等待0.2秒,让小鸡连续的叫声不至于过快。

⑬ 停止全部脚本

所属模块:控制模块。

作用:停止所有正在执行的脚本,动画结束。

本章小结:

通过声音模块赋予一个小小的音响这么多的功能真是太神奇了!相信你通过这台小小的音响对声音模块也有了较为全面的认识。现在仔细跟随书中的案例进行练习,体会每一个积木块的功能吧!

STE@M

从何开始（事件模块）

程序开始需要一定条件的触发，或是点击，或是点击背景，或是按下键盘。掌握如何开始一段程序是完成复杂程序的基础。

本章重难点

本章重点

- 当🏴被点击(对应小节:5.1)
- 当按下……键(对应小节: 5.2)
- 广播……(对应小节:5.6)

本章难点

- 理解与掌握响度与计时器
- 理解与掌握广播消息的应用

5.1 召唤神兽（当🏴被点击）

1 第一步：新建一个项目，删除默认的小猫角色，添加角色“Griffin”和“Neigh Pony”。在角色列表中点击隐藏按钮使角色隐藏于舞台之中。

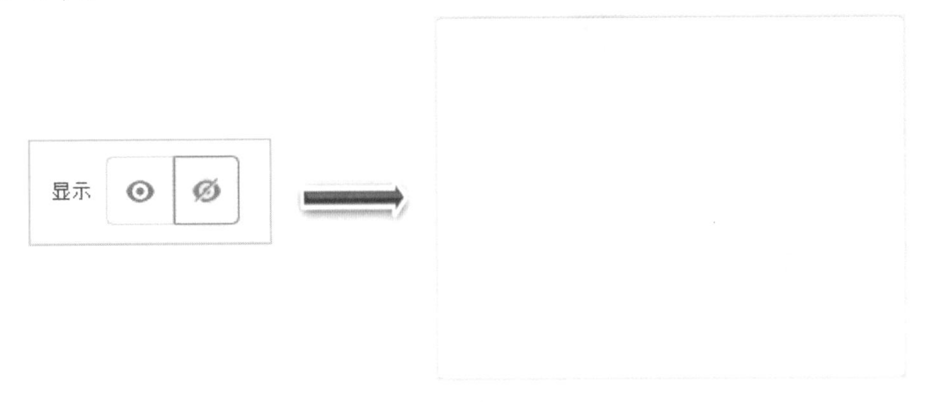

2 第二步：为“Griffin”编写脚本。

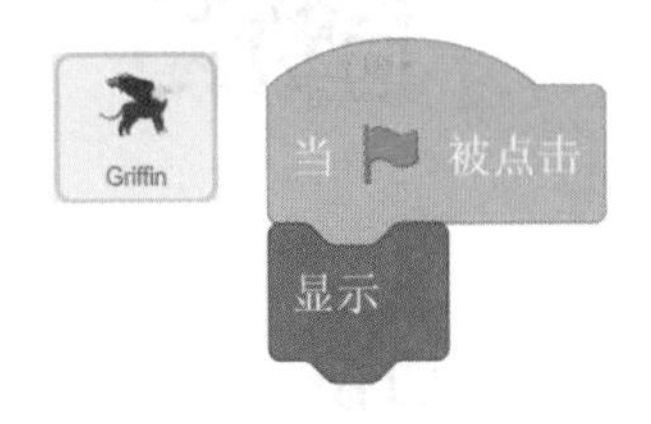

3 第三步：快速为“Neigh Pony”编写同样的脚本，即拖曳“Griffin”已经编写好的程序到角色区的“Neigh Pony”图标上面。

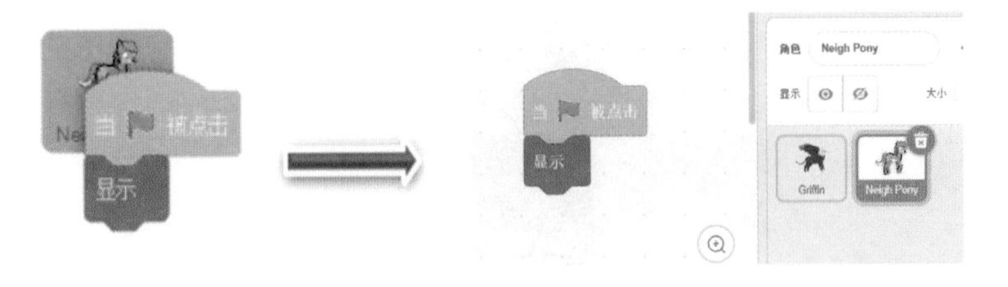

ℹ 这样在“Neigh Pony”的脚本区内我们就快速编写好了同样的程序。

4 第四步：点击🏴。"Griffin"和"Neigh Pony"将开始执行同样的程序，从舞台上显现出来！

扫一扫

扫描下方二维码，获取本示例的视频教程。

5.2 你指挥我行动（当按下……键）

1 第一步：新建一个项目，保留默认的小猫角色，并给角色编写如图所示的脚本。

2 第二步：点击空格键，使程序执行。

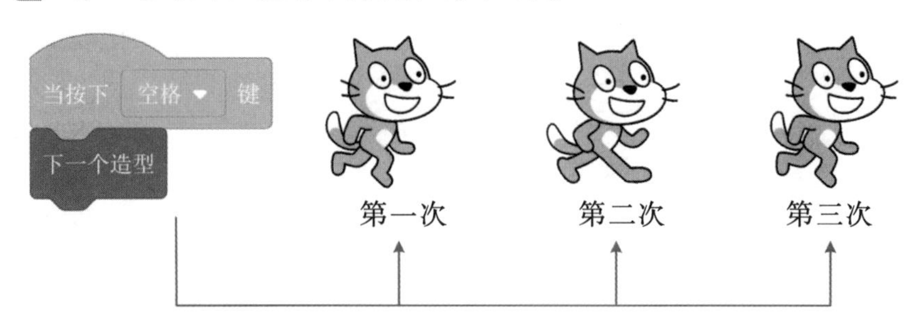

当按下空格键时，程序开始运行，每按一次，小猫就切换一次造型。

3 第三步：点击白色倒三角切换不同按键，利用不同的按键控制角色运动状态。

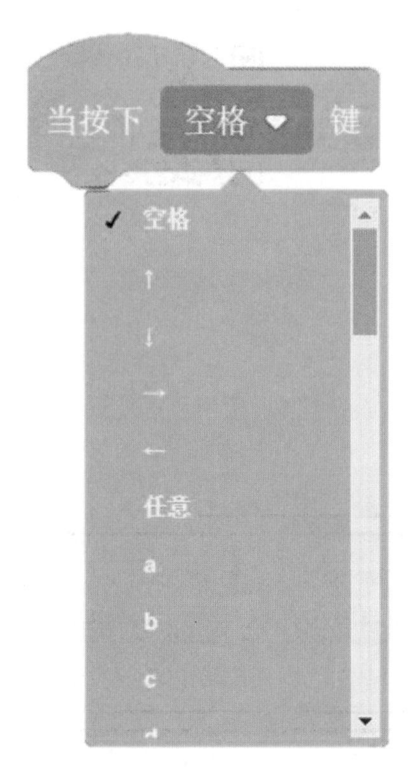

4 第四步：为小猫编写新的脚本，用其他按键控制。

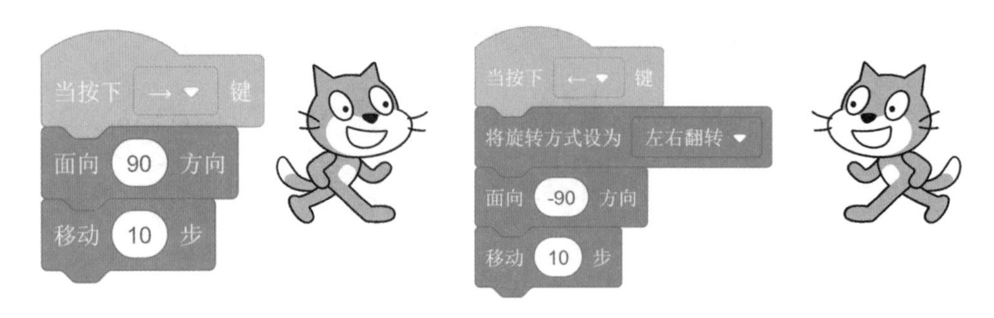

用"→"键控制小猫向右移动,用"→"键控制小猫向左移动。

扫描下方二维码,获取本示例的视频教程。

通过"当按下……键"积木块,可以让小猫开始相应的动作,那么有什么办法可以让我们编写的程序更有意思呢?

程序方向

- 结合之前学过的“跳舞的小女孩”，我们可以用空格键来操控她的动作，并且用方向键来控制小女孩的运动方向，让她一边走一边跳舞。

情节方向

- 用不同按键控制不同角色的不同魔法，可以同时添加一只会改变大小的恐龙和一个会隐身的小精灵，分别用不同的按键来控制它们。

5.3 唤醒沉睡的公主（当角色被点击）

1 第一步：新建一个项目，删除默认的小猫角色，添加角色“Princess”并改名为“公主”，添加背景“Forest”。

2 第二步：编写公主沉睡的脚本。

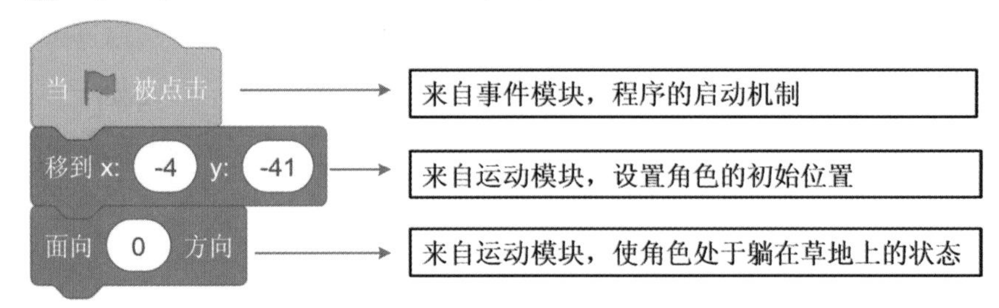

3 第三步：编写公主苏醒的脚本。

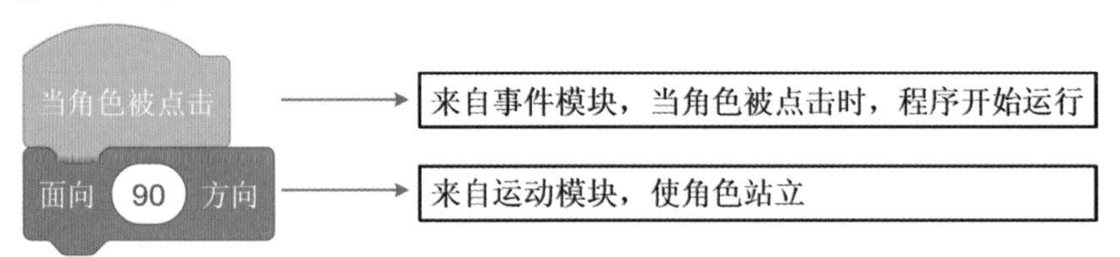

4 第四步：点击开始，执行程序，公主倒在了地上，快点击角色唤醒公主吧。

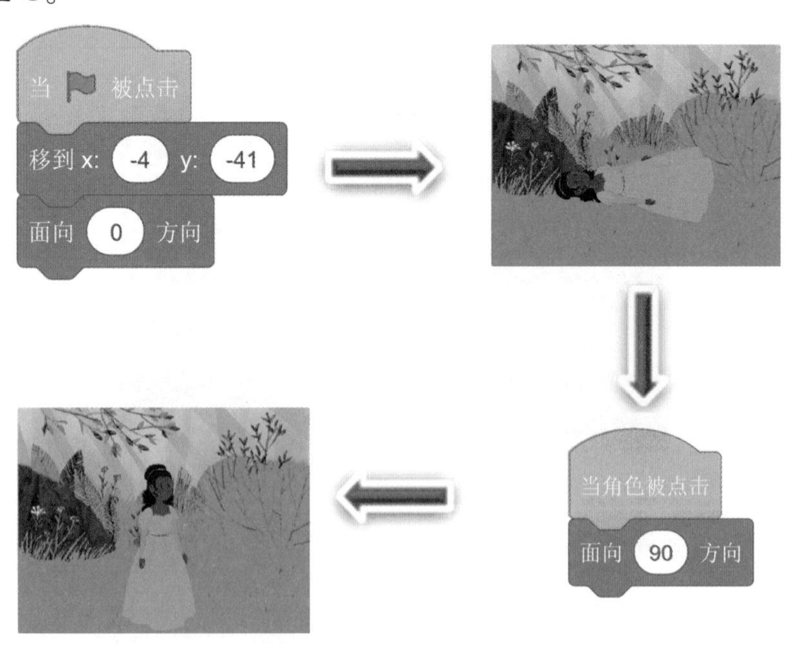

5 当选中舞台时，“当角色被点击”积木块将会变成“当舞台被点击”积木块。

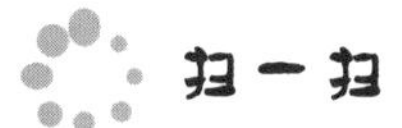

扫描下方二维码，获取本示例的视频教程。

通过“当角色被点击”积木块，可以唤醒沉睡的公主，那么有什么办法可以让我们编写的程序更有意思呢？

程序方向

- 结合之前学过的“说话”积木块，可以在点击公主后让她先说一句话，然后再被唤醒。

情节方向

- 公主被巫婆施了魔法，必须有人来拯救公主，但是一定要使用正确的方法，不然公主不会醒来哦。

5.4 喜欢冰雪的小企鹅（当背景换成……）

1 第一步：删除默认的小猫角色，添加角色“Penguin”，并修改其名称为“企鹅”。

2 第二步：添加背景“Arctic”，为企鹅打造一片冰天雪地吧。

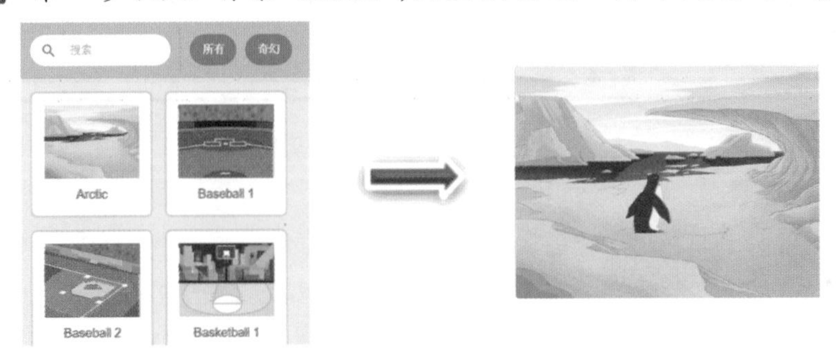

3 第三步：为企鹅编写脚本，使企鹅移到冰天雪地的环境里就欢快地动起来！

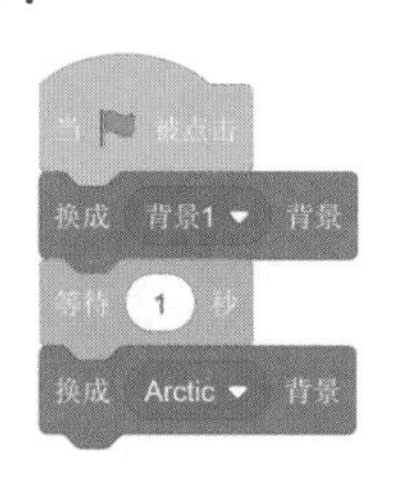

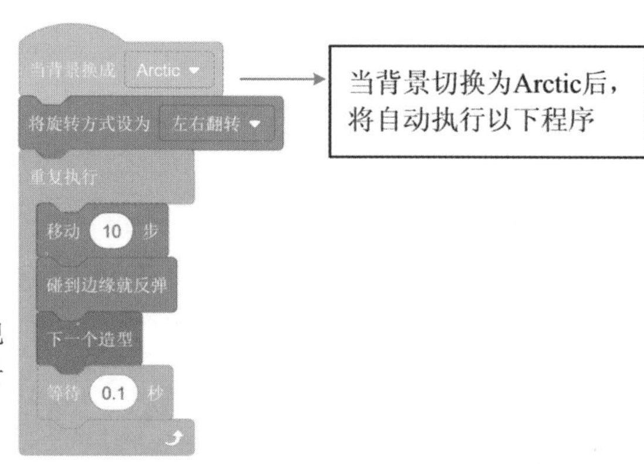

快来点击⚑试一下吧，观察企鹅看到冰雪会是什么样的反应。

扫一扫

扫描下方二维码，获取本示例的视频教程。

通过“当背景换成……”积木块，可以让企鹅在冰天雪地里撒欢，那么有什么办法可以让我们编写的程序更有意思呢？

程序方向

- 结合之前学过的“说话”积木块，添加春、夏、秋、冬四个不同季节的背景。切换背景，让企鹅说出当前处于什么样的季节。

情节方向

- 企鹅并不喜欢热天气，只有在寒冷的气候中，它们才会快活。所以一到冬天企鹅就会非常兴奋，而在其他季节就总是沉默寡言。

5.5 容易受到惊吓的老鼠（当响度/计时器>……）

1 第一步：删除默认的小猫角色，添加角色“Mouse1”，并修改名称为“老鼠”。

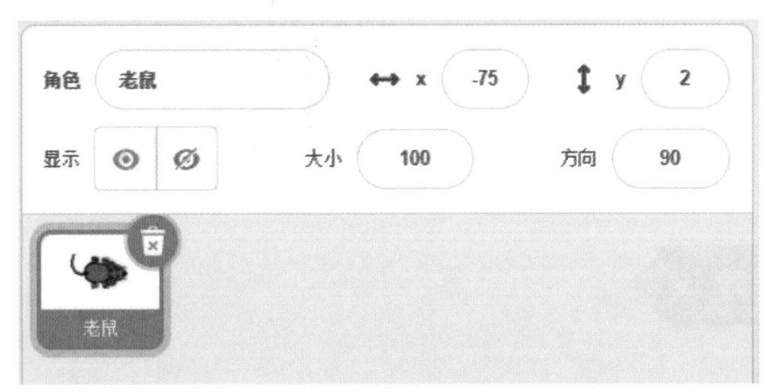

2 第二步：为老鼠编写脚本。

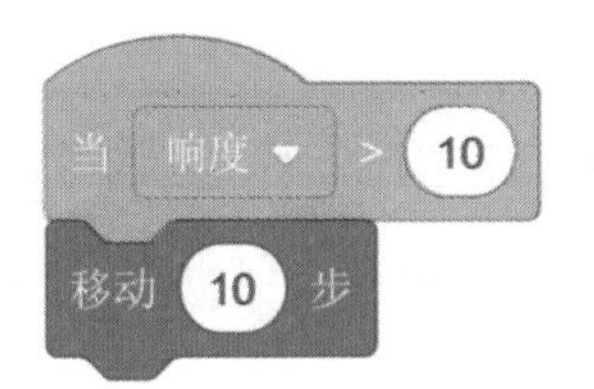

老鼠的胆子很小，试着拍一下手，看看老鼠会有什么样的反应吧。

3 第三步：点击白色倒三角选择计时器功能。设定参数为60。添加“隐藏”积木块。因为胆小的老鼠从来不会在外面停留超过一分钟的时间，所以时间一到它就灰溜溜地回家了。

计时器一直藏在一个我们看不见的角落，从我们打开程序的那一刻，它就在一直不停地记录着时间。

扫描下方二维码，获取本示例的视频教程。

通过“当响度/计时器>……”积木块，我们发现了一只胆小的老鼠，那么有什么办法可以让我们编写的程序更有意思呢？

程序方向

- 结合之前学过的“在……秒内滑行到……”积木块，让老鼠在到达一定时间后就偷偷溜回一个角落里去。

情节方向

- 老鼠害怕听到猫叫的声音，把响度的数值设为100，看看哪位小朋友的叫声可以吓退老鼠。

5.6 依次报数（当接收到……/广播……/广播……并等待）

1 第一步：删除默认的小猫角色，添加3个角色均为“Chick”，名称依次修改为“小鸡1”“小鸡2”“小鸡3”。

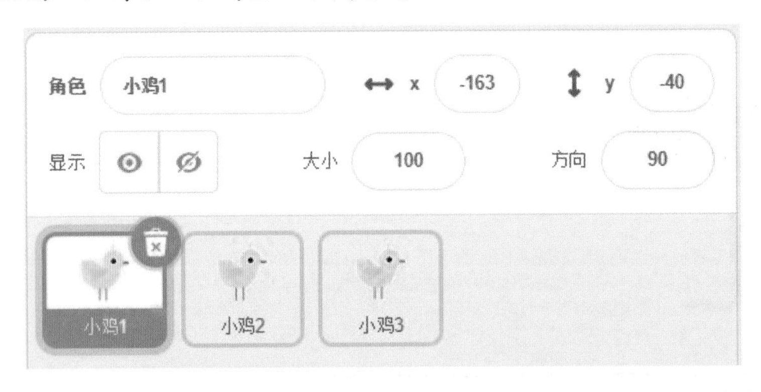

2 第二步：由于它们长得实在太像，鸡妈妈都分不清它们了，现在我们来帮助鸡妈妈让它们依次报数吧。

? 把“广播……”换成“广播……并等待”可不可以？观察程序的发光状态，你能理解它们的区别吗？

3 第三步：点击🏴，让它们报数吧。

扫一扫

扫描下方二维码，获取本示例的视频教程。

想一想

你还有别的办法让小鸡报数吗？你的方法和上述方法的区别在哪里？

5.7 综合案例：误入城堡

背景介绍：小猫一不小心进入了戒备森严的城堡，在这里小猫的一举一动都要十分小心，因为一旦它发出的声音过大，就会被机器守卫发现。

1 第一步：保留默认的小猫角色，添加新角色“Retro Robot”，并依次修改角色名称为“小猫”和“机器守卫”。

2 第二步:调整小猫的旋转方式为“左右翻转”。

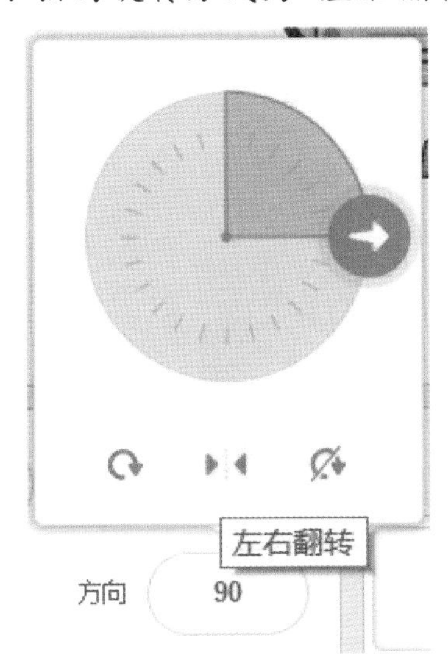

3 第三步:为舞台添加背景“Castle 3”,并将机器守卫拖动至舞台右侧。

4 第四步:为对应角色编写脚本。

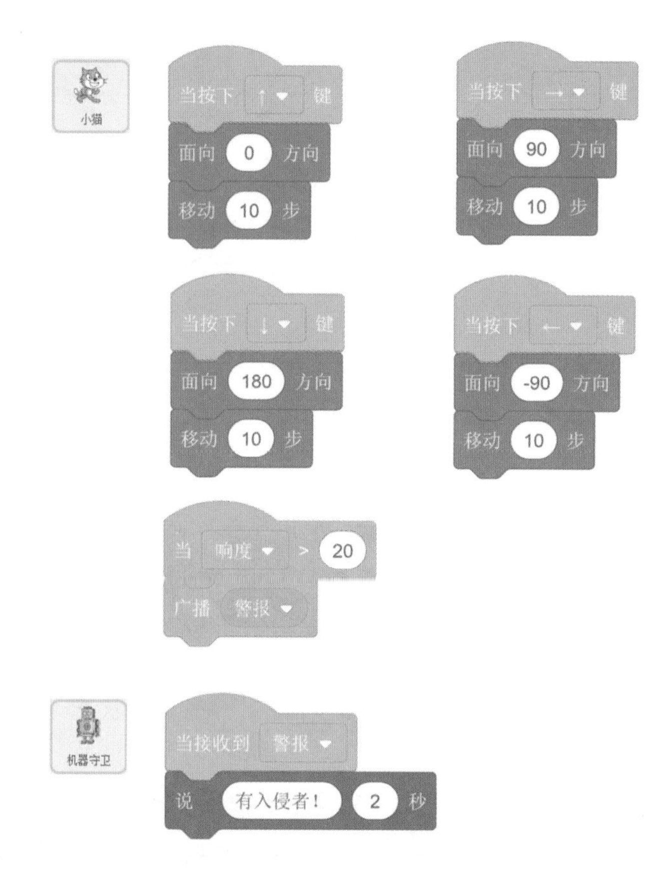

5 第五步:用方向键控制小猫移动,但要注意动作不要太大哦,不然就会被机器守卫发现。

扫一扫

扫描下方二维码，获取本示例的视频教程。

案例解析

1. 为小猫进入城堡编写程序

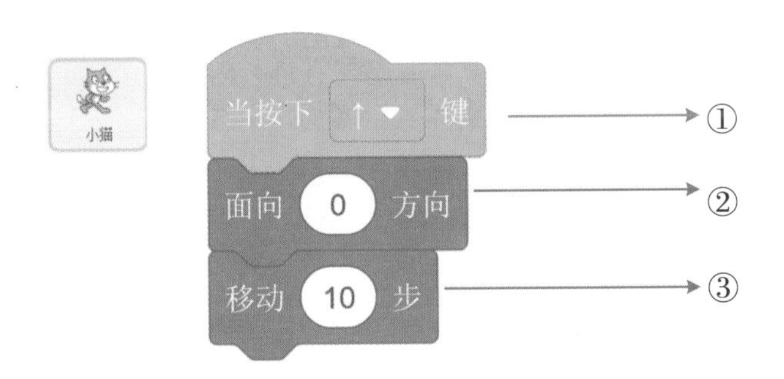

① 当按下↑键

所属模块：事件模块。

作用：用于判断键盘按键“↑”是否被按下，若被按下，则执行这个积木块以下的程序。

② 面向0方向

所属模块：运动模块。

作用：改变小猫的朝向，让小猫的方向为0（向上）。

③ 移动10步

所属模块：运动模块。

作用：让小猫在现有方向上向前移动10步。

2. 为小猫移动及广播警报编写程序

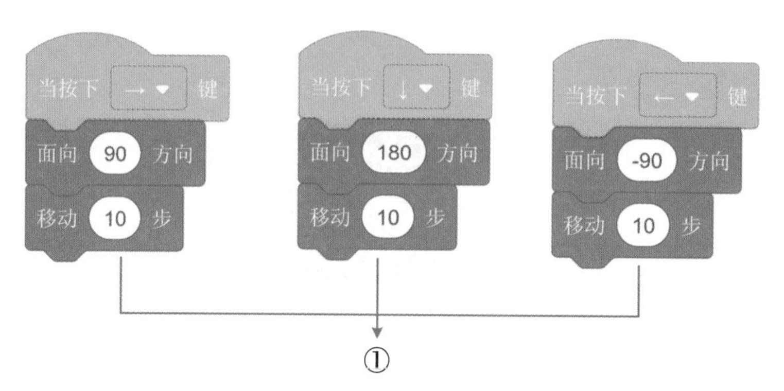

① 当按下→/↓/←键

所属模块:同上。

作用:同上。

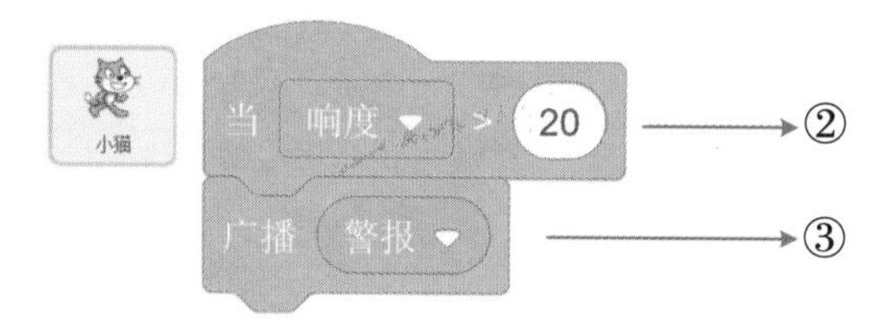

② 当响度>20

所属模块:事件模块。

作用:用于判断当前麦克风接收到的音量是否超过20,也就是小猫在运动过程中所发出的声音是否过大。如果过大,则执行以下程序。

③ 广播警报

所属模块:事件模块。

作用:在程序内向各个角色发布一条消息,名称为"警报",如果有角色接收到了"警报"这条消息,就可以继续执行积木块。

3. 为机器守卫编写程序

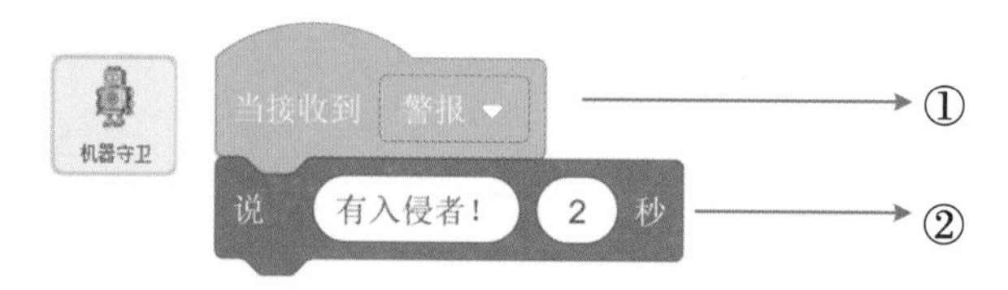

① 当接收到警报

所属模块：事件模块。

作用：用于接收程序内部发出的消息，然后执行以下积木块。在这里，机器守卫接收到了由于小猫音量过大而发出的“警报”消息。

② 说“有入侵者！”2秒

所属模块：外观模块。

作用：使机器守卫在舞台上以对话框的形式说出“有入侵者！”。

本章小结：

任何一段程序都有它的开始。在本章中，我们学习了通过点击⚑、点击角色、切换背景、广播消息等方式开始了我们的程序。充分利用这些积木块，给你的程序设计一个适合的开始吧！

第6章

背后的力量（控制模块）

控制模块是编写程序时的有力帮手，掌握并熟练运用控制模块里的积木块，将使你的程序变得十分灵活！

本章重难点

本章重点

- ◆ 等待……秒(对应小节:6.1)
- ◆ 重复执行(对应小节: 6.2)
- ◆ 如果……那么……(对应小节:6.3)

本章难点

- ◆ 理解与掌握克隆的概念
- ◆ 理解与掌握条件循环

循环结构

在不少实际问题中都具有规律性的重复操作,在编程中同样也需要重复执行某些语句。循环结构是在一定条件下反复执行某段程序的流程结构,被反复执行的程序称为循环体。判断能否继续重复的条件,是决定循环的终止条件。

在Scratch中也有相应的循环语句积木块,下面我们来简单介绍一下这些积木块。

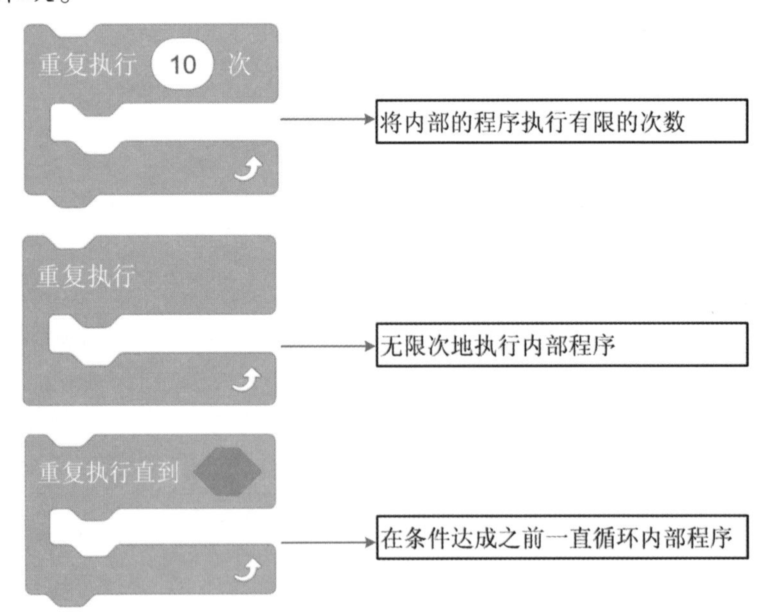

6.1 小鸡报数（等待……秒）

1 第一步：新建一个项目，删除默认的小猫角色；添加角色“Chick”，添加背景“Blue Sky”。

2 第二步：复制三只“Chick”。

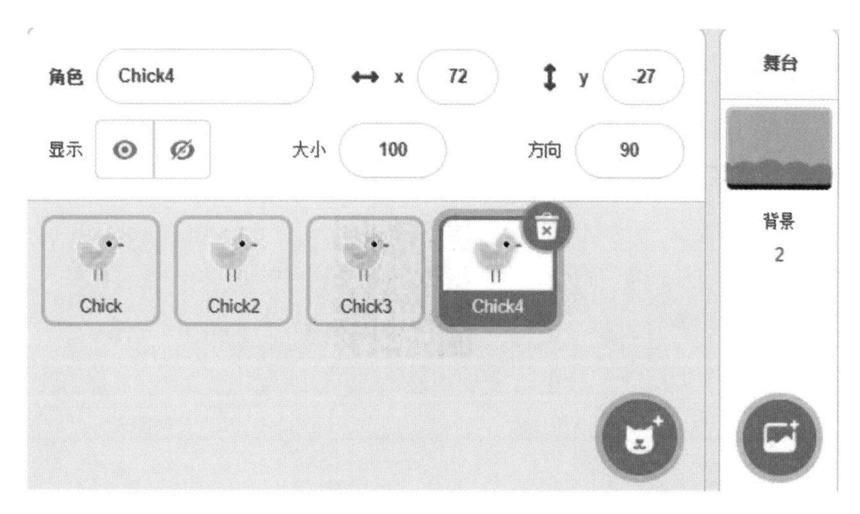

3 第三步：编写脚本。

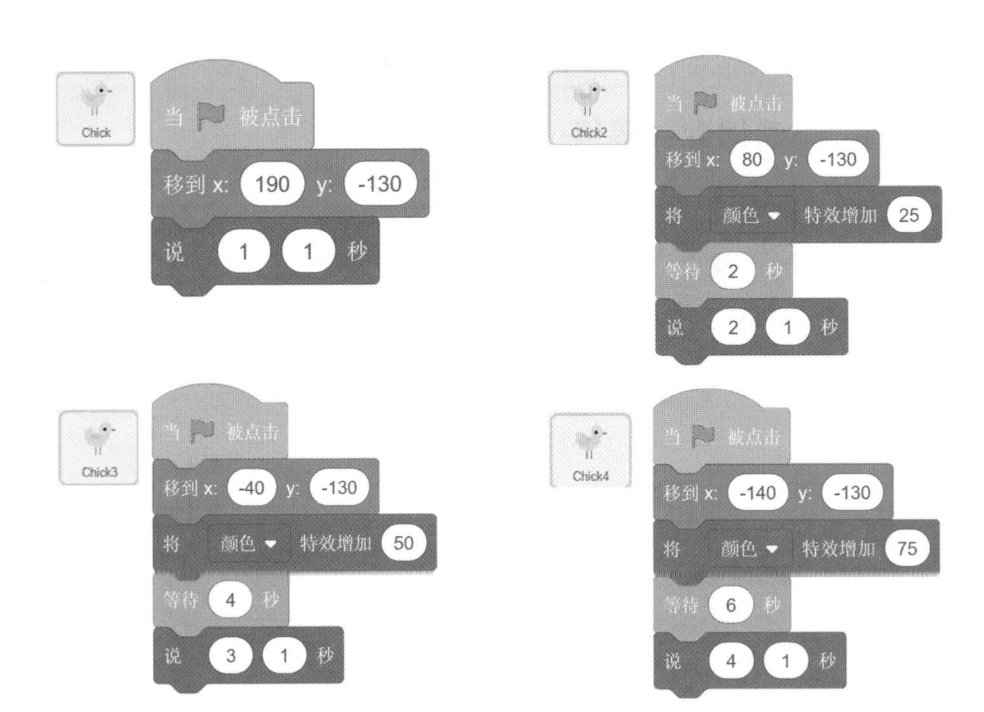

点击，第一只小鸡报数“1”。

扫描下方二维码，获取本示例的视频教程。

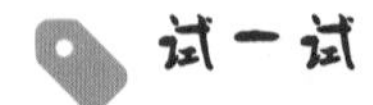

如果不使用“等待……秒”积木块，小鸡们能否完成连续报数？

6.2 比比谁厉害（重复执行/重复执行……次）

背景介绍：小猫决定邀请它的好朋友“蓝精灵”一起去跑步。

1 第一步：新建一个项目，保留默认的小猫角色，并命名为“小猫”；添加角色“Dog2”，改名为“蓝精灵”；最后设置背景为“Bench With”。

2 第二步：编写脚本。

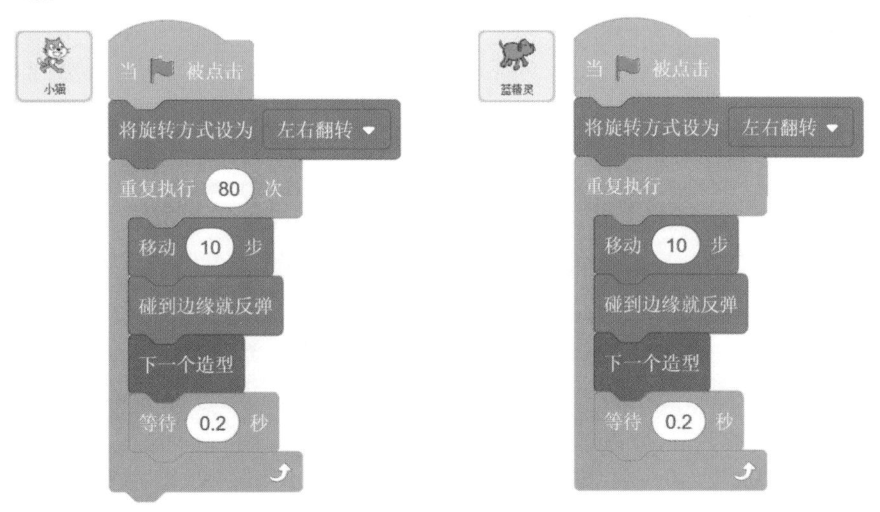

从程序里，你能看出谁的体力更好吗？

3 “重复执行”和“重复执行10次”积木块有什么区别呢？

重复执行就是将该积木块内包含的内容一直执行下去，次数不可修改。

重复执行10次就是将该积木块内包含的内容执行10次，而且这个参数“10”也是可以修改的。

扫一扫

扫描下方二维码，获取本示例的视频教程。

练一练

下面两图中跑得比较远的是(　　)。

A. 

B. 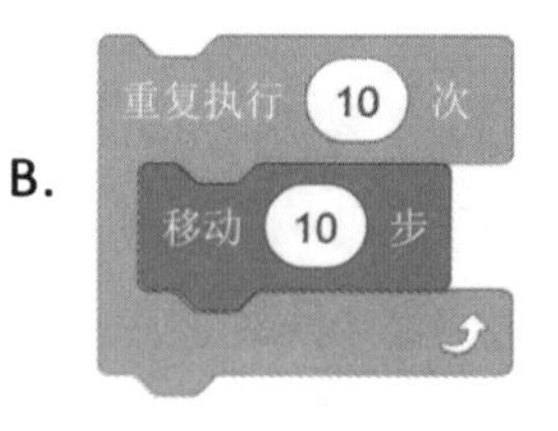

6.3 小猫说英语（如果…… 那么…… /如果……那么……否则……）

1 第一步：新建一个项目，保留默认的小猫角色，改名为“小猫”；添加角色“Watermelon”“Orange”“Strawberry”，并依次改名为“西瓜”“橘子”“草莓”；再添加背景“Stripes”。

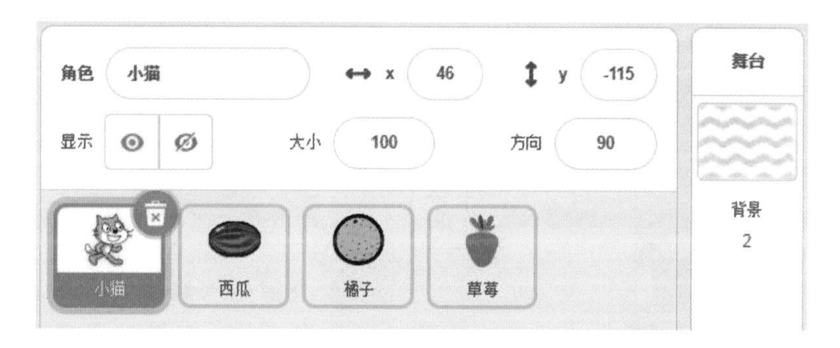

2 第二步：编写脚本，给每个角色设置一个初始位置。

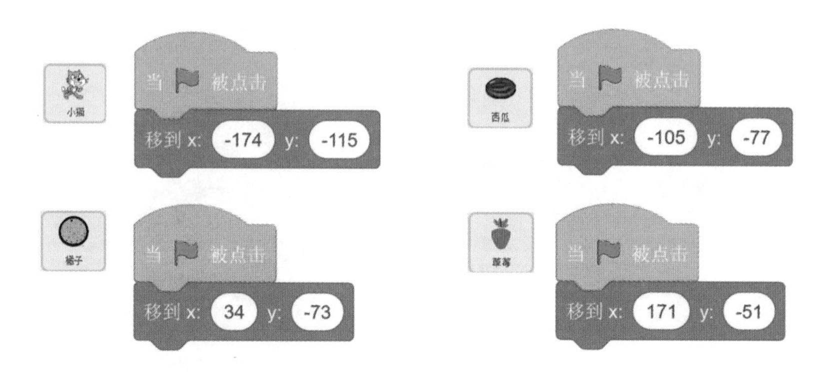

3 第三步：让小猫动起来。

小猫走着走着就走到了舞台边缘，再往前走就快要看不到它了，怎么办呢？

4 第四步：让小猫可以认知墙壁。

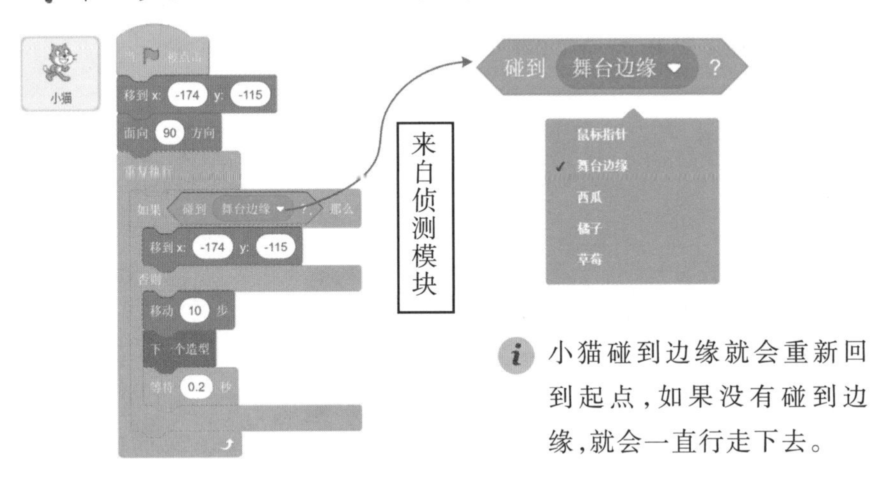

小猫碰到边缘就会重新回到起点，如果没有碰到边缘，就会一直行走下去。

5 第五步：让小猫说出对应水果的英文名字。

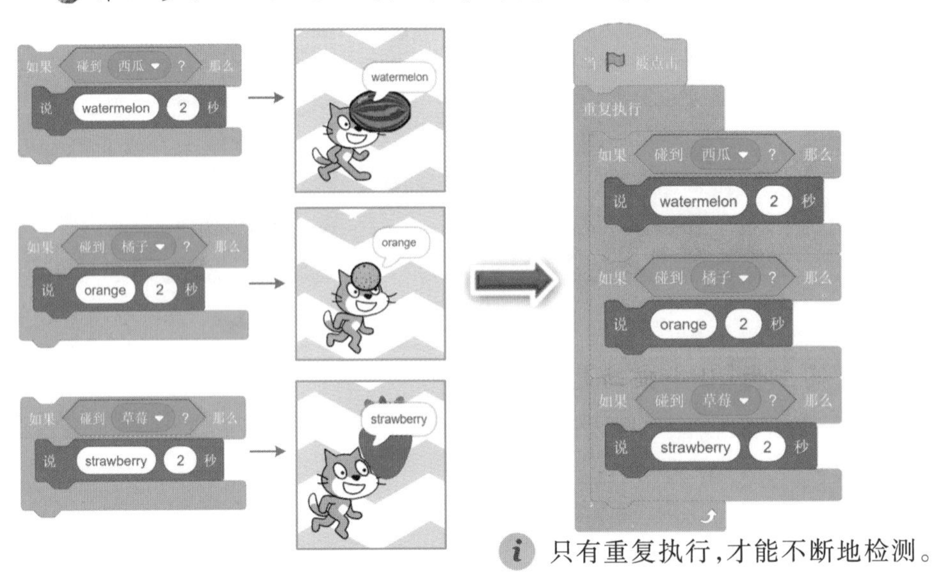

只有重复执行，才能不断地检测。

扫描下方二维码,获取本示例的视频教程。

通过“如果……那么……”积木块,小猫又多了很多本领,那么有什么办法可以让我们编写的程序更有意思呢?

程序方向

- 将“如果……那么……”积木块与侦测模块中的“碰到颜色……”“按下……键”等积木块相结合,可以让小猫拥有更多的本领!

情节方向

- 小猫本来没有什么特殊的本领,但是它谦虚好学,向不同的老师学习了不同的本领,现在它可以识别颜色,认识水果,听从指挥,等等。

6.4 有礼貌的小猫（等待……）

1 第一步：新建一个项目，保留默认的小猫角色，添加角色“Butterfly 2”，并分别命名为“小猫”和“蝴蝶”。

2 第二步：编写脚本。

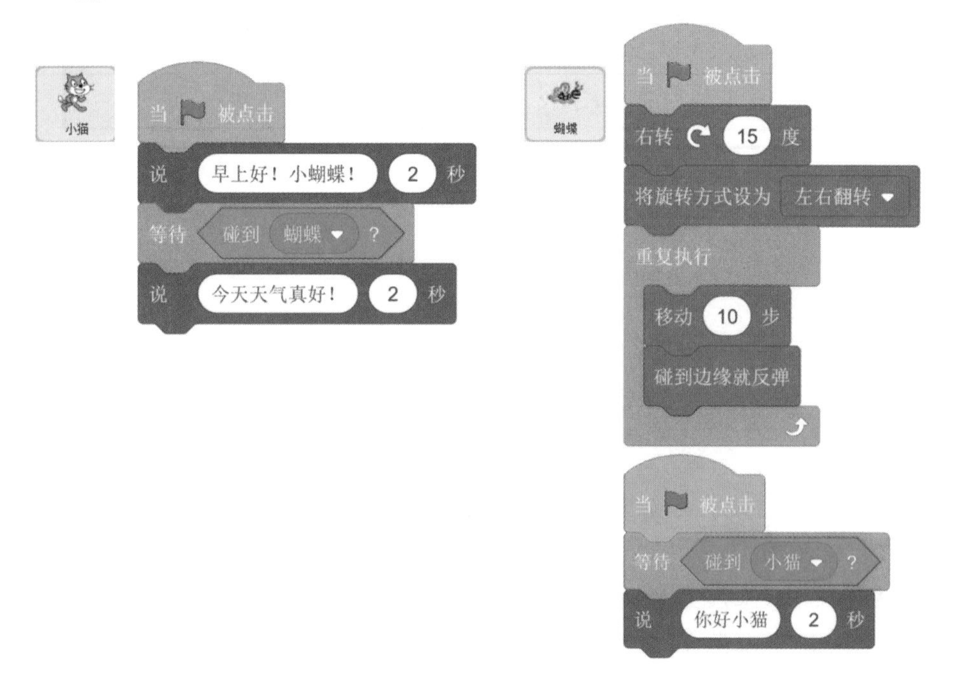

i 小猫很有礼貌，一早就和遇见的蝴蝶问好！

3 第三步：点击执行程序。

扫一扫

扫描下方二维码，获取本示例的视频教程。

拓展建议

通过“等待……”积木块，可以让小猫和蝴蝶进行对话，那么有什么办法可以让我们编写的程序更有意思呢？

程序方向

- 将“如果……那么……”积木块与侦测模块中的“碰到……”积木块相结合，可以让小猫在碰到蝴蝶后主动打招呼。

情节方向

- 让小猫和蝴蝶之间进行更多内容的对话。

6.5 帮助小猫过河（重复执行直到……/停止全部脚本）

1 第一步：新建一个项目，保留默认的小猫角色，修改角色名称为“小猫”。

2 第二步：按下图操作，绘制角色，并命名为“河”。

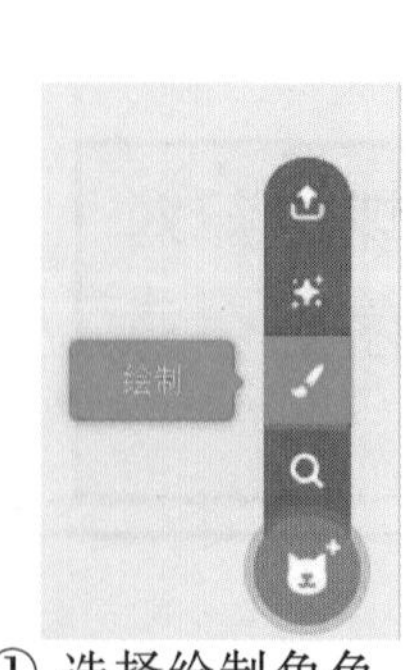

① 选择绘制角色

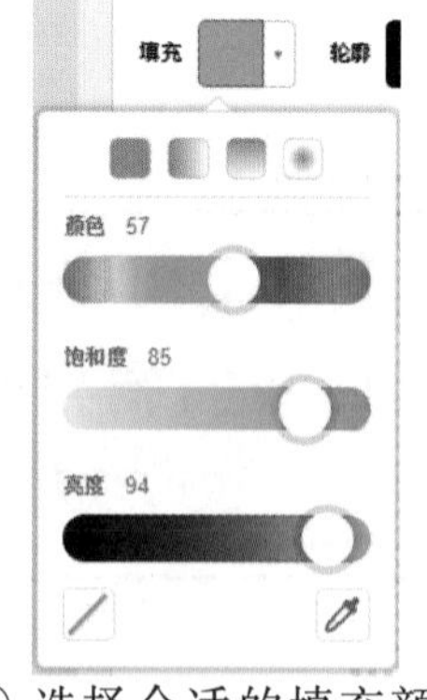

② 选择合适的填充颜色

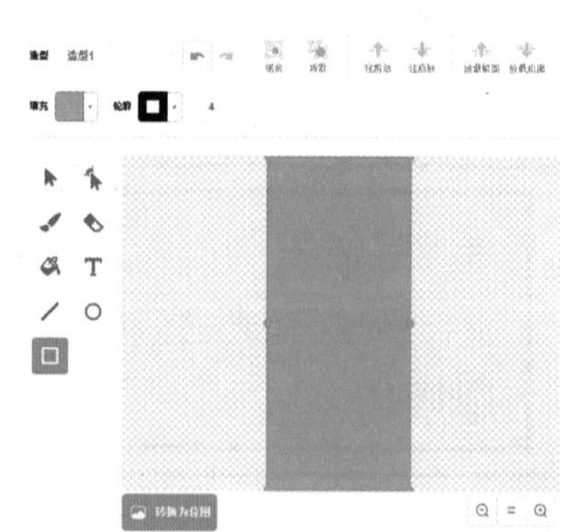

③ 利用矩形工具画出一个矩形

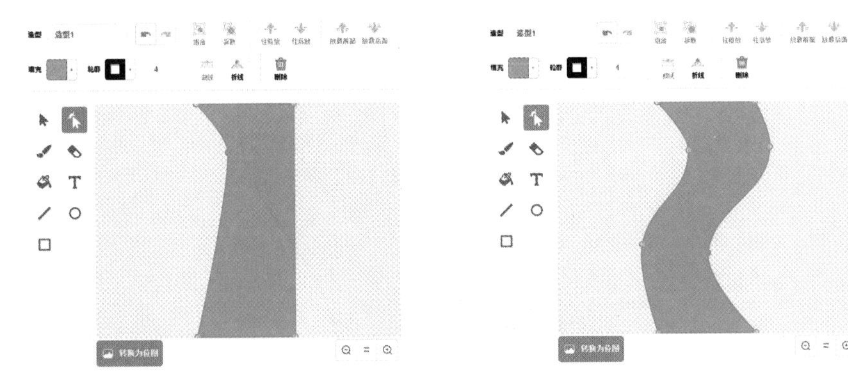

④ 使用变形工具调整矩形　　⑤ 分别调整如图四点，使之成为河流状

3 第三步：为小猫编写脚本。

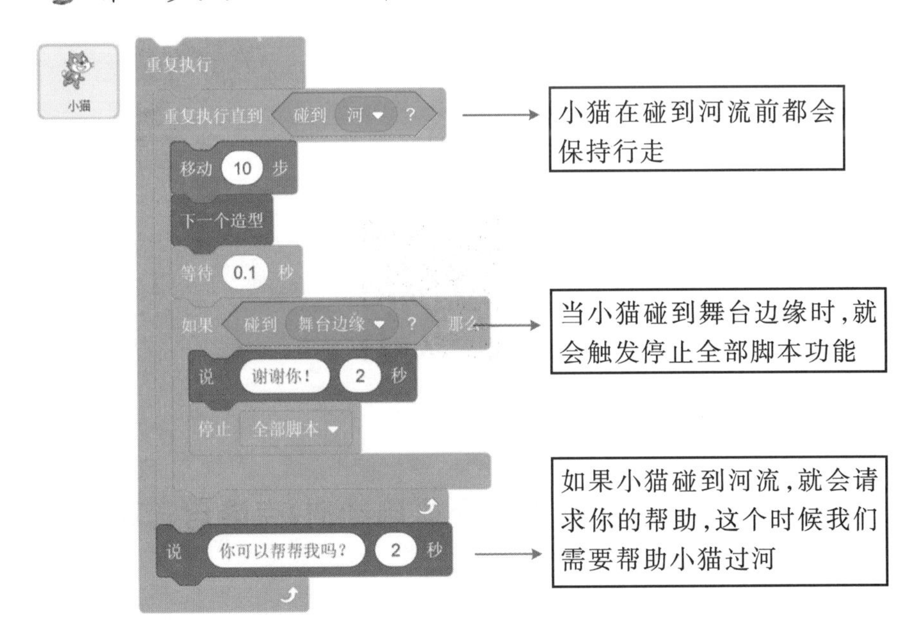

当小猫向你请求帮助的时候，需要你把它拖动到河的对岸哦。

4 第四步：点击执行程序。

扫一扫

扫描下方二维码,获取本示例的视频教程。

6.6 聚宝盆（当作为克隆体启动时/克隆自己和删除此克隆体）

1 第一步:新建一个项目,删除默认的小猫角色;添加角色“Bowl”和“Crystal”,并依次改名为“聚宝盆”和“钻石”;再添加背景“Circles”。

2 第二步:编写脚本。

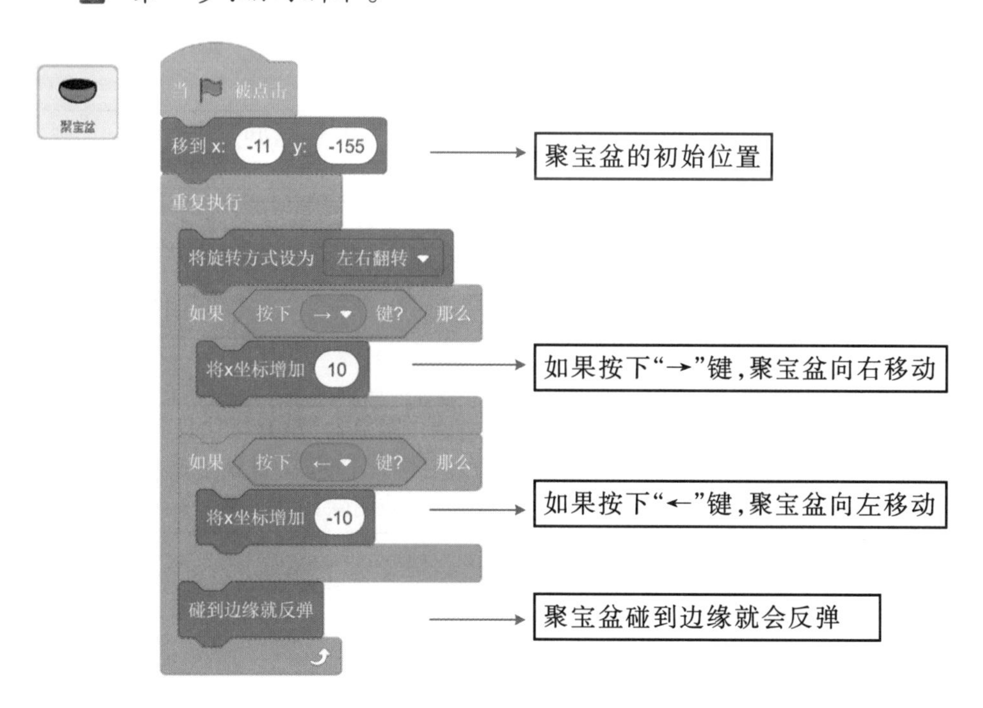

用键盘控制角色移动。

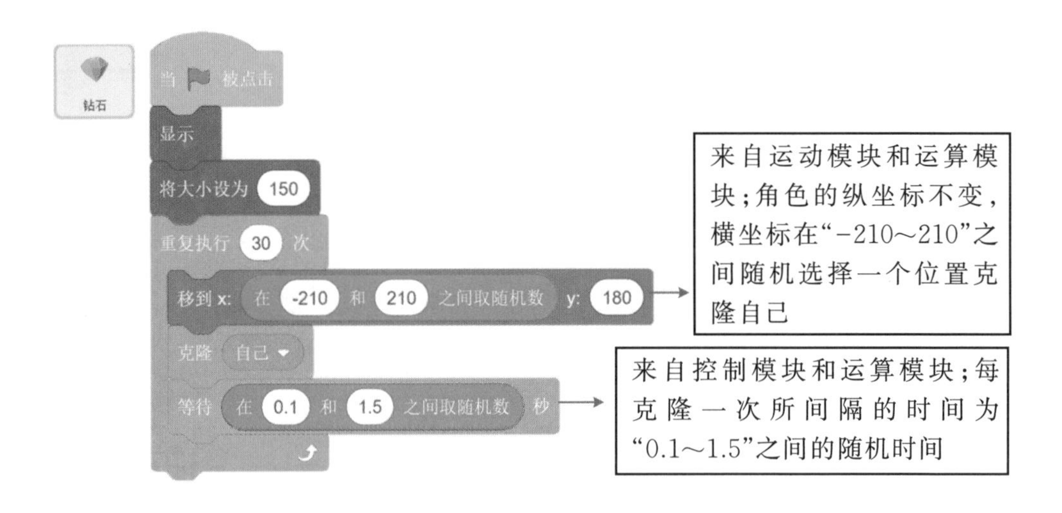

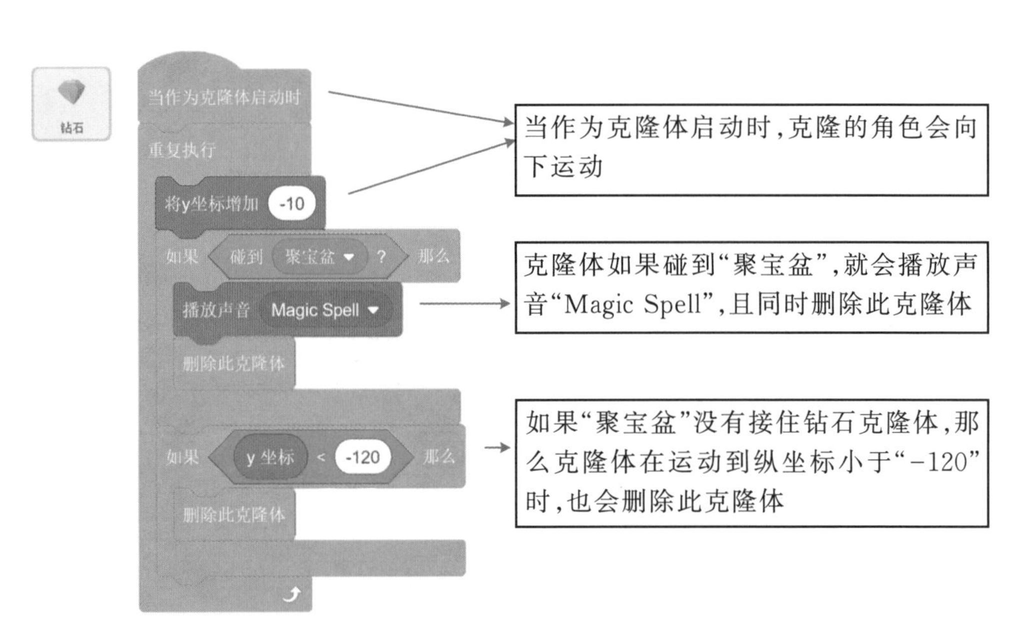

3 第三步:点击执行程序,开始游戏。

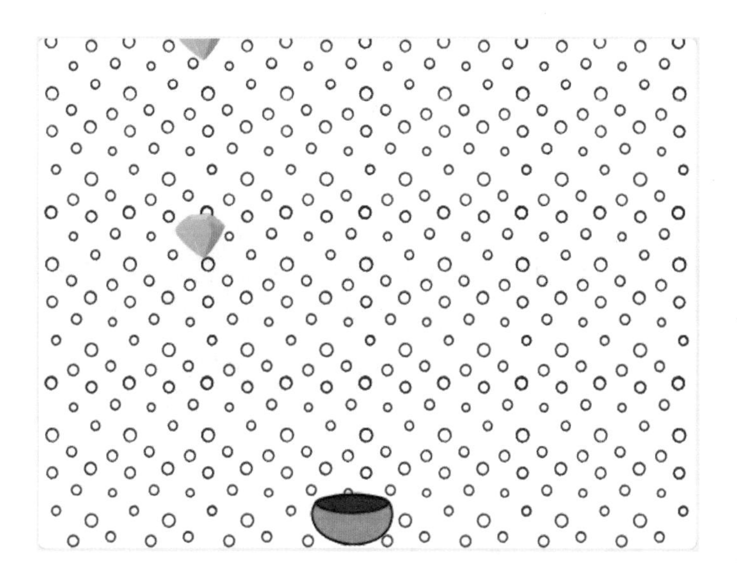

扫一扫

扫描下方二维码,获取本示例的视频教程。

连一连

你认识下面的积木块吗?猜一猜这些积木块应该怎么分类呢!

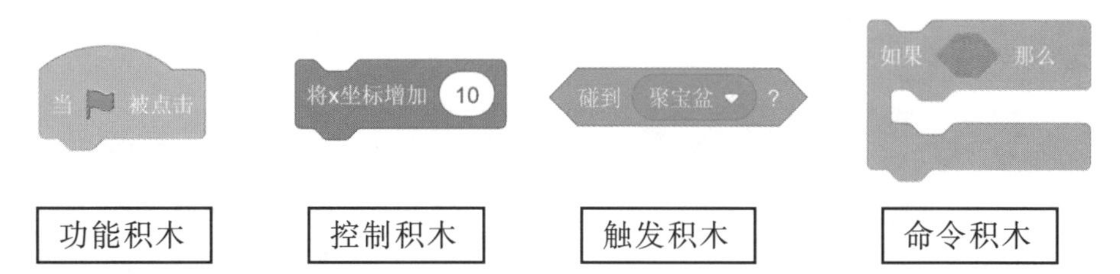

6.7 综合案例：小球游戏

游戏规则：用方向键控制小球到达舞台的右下角，过程中不可以脱离红线，同时也不能触碰到黄色区域。小球在过程中会不断缩小，必须使用空格键让小球达到合适的大小。

1 第一步：新建一个项目，删除默认的小猫角色，添加新角色“Ball”，并修改角色名称为“小球”。

2 第二步：绘制舞台背景。

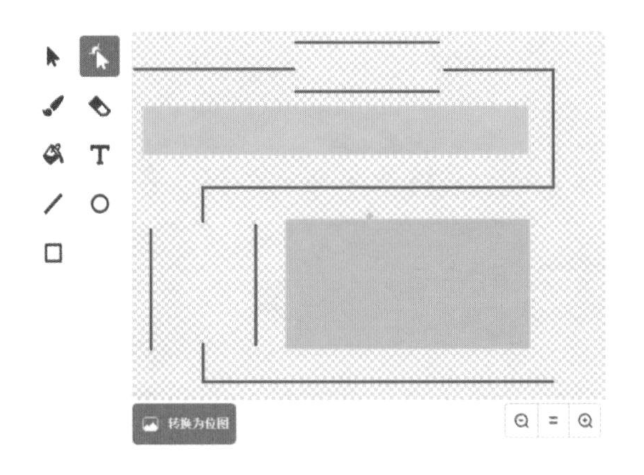

红颜色参数
颜色：100
饱和度：100
亮度：100

黄颜色参数
颜色：14
饱和度：100
亮度：100

3 第三步：为小球编写脚本。

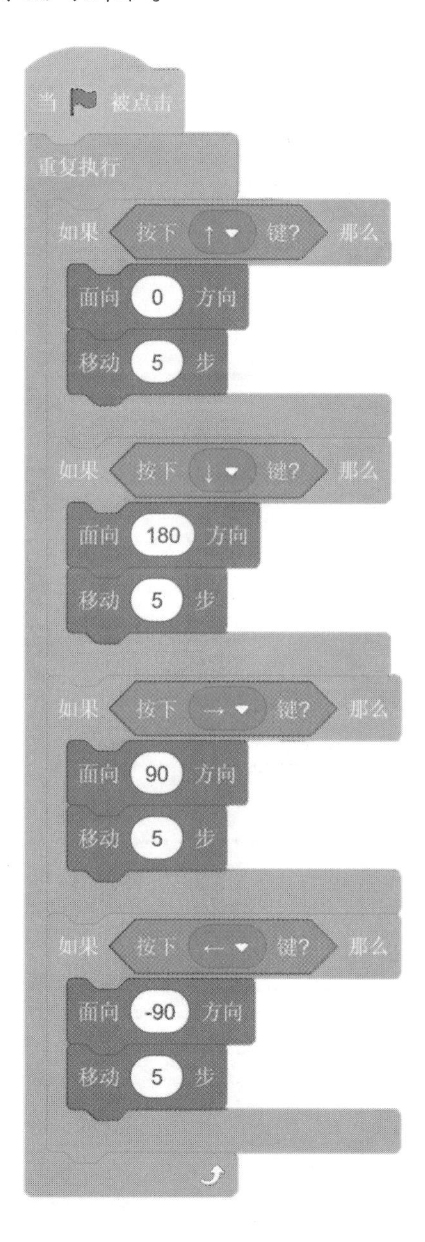

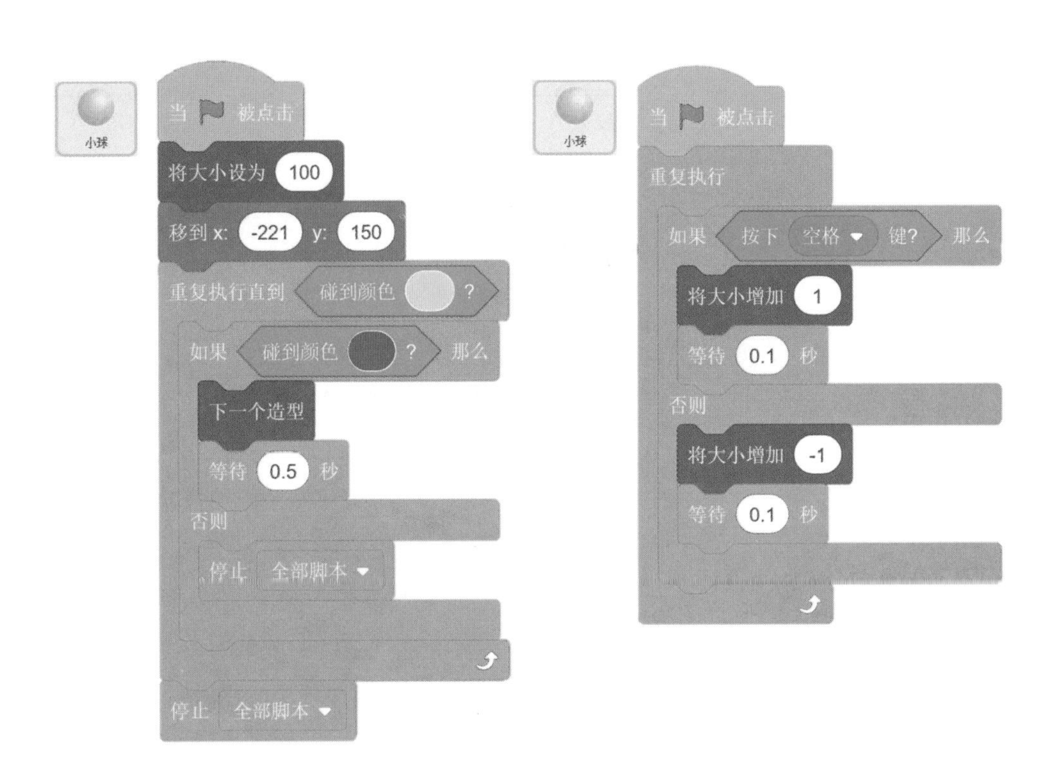
小球
当 被点击
将大小设为 100
移到 x: -221 y: 150
重复执行直到 碰到颜色 ?
如果 碰到颜色 ? 那么
下一个造型
等待 0.5 秒
否则
停止 全部脚本
停止 全部脚本
小球
当 被点击
重复执行
如果 按下 空格 键? 那么
将大小增加 1
等待 0.1 秒
否则
将大小增加 -1
等待 0.1 秒

4 第四步：点击🏴，开始游戏。

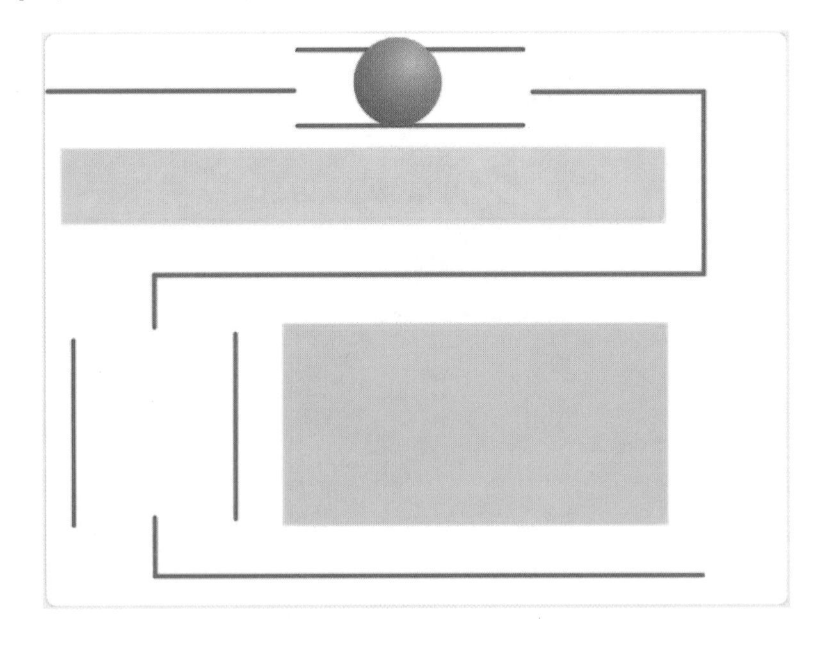

扫描下方二维码,获取本示例的视频教程。

案例解析

1. 为控制小球移动编写程序

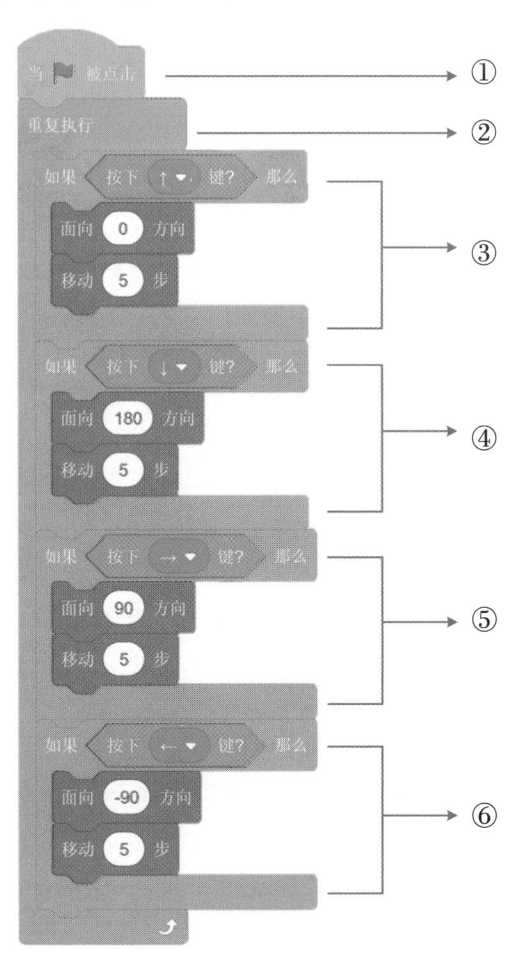

① 当🏴被点击

所属模块：事件模块。

作用：使程序开始执行。

② 重复执行

所属模块：控制模块。

作用：重复执行该积木块内所包含的所有积木块，因为小球可以不断地接收按键的控制，而不只是一次，故此处需要重复执行。

③ 控制小球向上走

关键积木块属于：控制模块。

作用：让小球不断进行是否按向上方向键的判断，如果"↑"键被按下，那么就让小球向"0"(向上)方向移动5步，小球向上走。

④ 控制小球向下走

关键积木块属于：控制模块。

作用：同上。

⑤ 控制小球向右走

关键积木块属于：控制模块。

作用：同上。

⑥ 控制小球向左走

关键积木块属于：控制模块。

作用：同上。

2. 为变换小球颜色造型编写程序

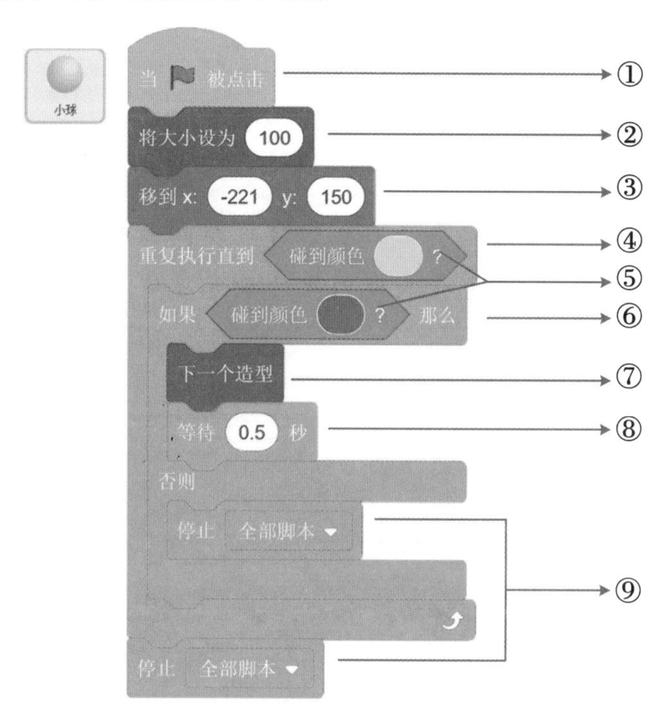

① 当被点击

所属模块：事件模块。

作用：使程序开始执行。

② 将大小设为100

所属模块：外观模块。

作用：设定小球的初始大小，以便在下一次启动时小球可以恢复原来的大小。

③ 移到x：……y：……

所属模块：运动模块。

作用：确定小球的初始位置，使每次游戏开始后小球都在这个位置出现。

④ 重复执行直到……

所属模块：控制模块。

作用:当判断条件成立之前,重复执行该积木块内所包含的所有积木块。此处为小球在碰到黄颜色后停止重复执行,进而执行下一个程序块“停止全部脚本”,使游戏停止。

⑤ **碰到颜色……**

所属模块:侦测模块。

作用:使小球可以做出是否碰到对应颜色的相关判断,进而做出对应的行为。在这里,黄色代表地图里的黄色障碍,红色代表小球必须接触的红色线条。

⑥ **如果……那么……否则……**

所属模块:控制模块。

作用:如果小球一直和红色线条有接触,那么将会不断地变换颜色,一旦小球离开红色线条,游戏将停止。

⑦ **下一个造型**

所属模块:外观模块。

作用:使小球变换下一种颜色造型,连续不停地切换造型,进而产生连续变换颜色的效果。

⑧ **等待0.5秒**

所属模块:控制模块。

作用:在每次造型改变后停顿0.5秒,使小球的连续变色不至于过快。

⑨ **停止全部脚本**

所属模块:控制模块。

作用:停止所有正在执行的脚本,小球无法运动,也无法变色,使戏终止。根据规则,游戏终止有两种原因,一种是小球离开了红色线条,另一种是小球碰到了黄色障碍块。

3. 为小球变换大小编写程序

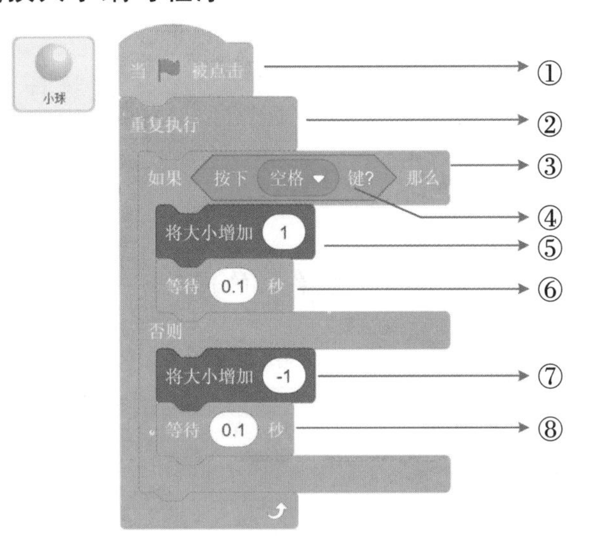

① 当被点击

所属模块：事件模块。

作用：使程序开始执行。

② 重复执行

所属模块：控制模块。

作用：重复执行该积木块内所包含的所有积木块，因为小球可以不断地接收按键的控制，而不只是一次，故此处需要重复执行。

③ 如果……那么……否则……

所属模块：控制模块。

作用：如果按下空格键，将执行“那么……”下面的积木块，小球不断变大；如果空格键没有被按下，那么将执行“否则……”下面的积木块，小球不断变小。

④ 按下空格键

所属模块：侦测模块。

作用：侦测空格键是否被按下。若按下，此判断结果为“true”；若没有被按下，则判断结果为“false”。

⑤ 将大小增加1

所属模块:外观模块。

作用:将小球的大小增加1,通过不断地重复执行,达到小球不断变大的效果。

⑥ 等待0.1秒

所属模块:控制模块。

作用:在小球每次变大1个单位的同时,等待0.1秒,使小球的变大不至于过快。

⑦ 将大小增加-1

所属模块:外观模块。

作用:将小球的大小减小1,通过不断地重复执行,达到小球不断变小的效果。

⑧ 等待0.1秒

所属模块:控制模块。

作用:在小球每次减小1个单位的同时,等待0.1秒,使小球的变小不至于过快。

本章小结:

控制模块具有很大的力量,重复执行、等待……秒、如果……那么……等都是我们编写程序时的得力帮手。有了控制模块的帮助,我们编写的程序才可以结构清晰,并且可以执行更加复杂的指令!

STE@M

第7章

侦察超能力（侦测模块）

让角色拥有感知世界的能力，通过本章的学习，可以让角色辨认颜色，识别画面，认清时间，等等。

本章重难点

本章重点

- ◆ 碰到……(对应小节:7.1)
- ◆ 碰到颜色……(对应小节:7.2)
- ◆ 按下……键(对应小节:7.5)

本章难点

- ◆ 理解与掌握侦测的概念
- ◆ 理解与掌握询问积木块

侦测

侦测模块的作用是使角色可以感知更多的信息，就像人的眼睛可以看到很多不同的事物一样。我们在过马路时看到红灯就会停下来，因为这是在我们脑海中已经保存过的信息，所以在编写程序的时候我们也要注意侦测到的对象与做出的反应。

在Scratch中，可以编写程序使角色判断已有的信息或者输入信息，如果需要角色识别动物，就可以为角色编写对应的脚本。例如，可以利用“碰到……”积木块让小猫能够识别老鼠。

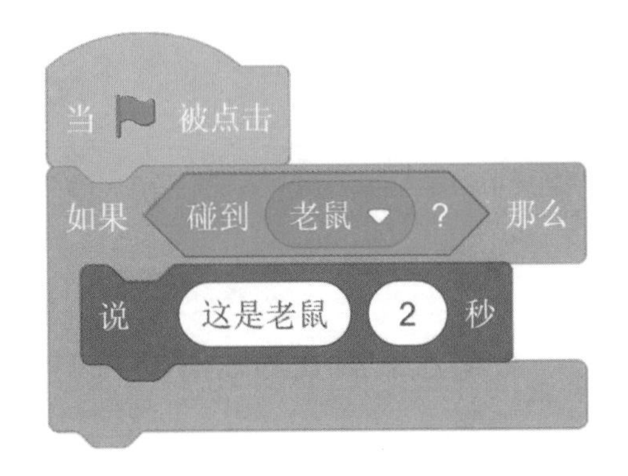

7.1 胆小的小白兔（碰到……）

1 第一步：新建一个项目，删除默认的小猫角色，添加角色“Hare”，并修改名称为“小白兔”。

2 第二步：小白兔平时非常冷静，一旦鼠标指针接触到它，它就会立刻移开。现在为小白兔编写脚本吧。

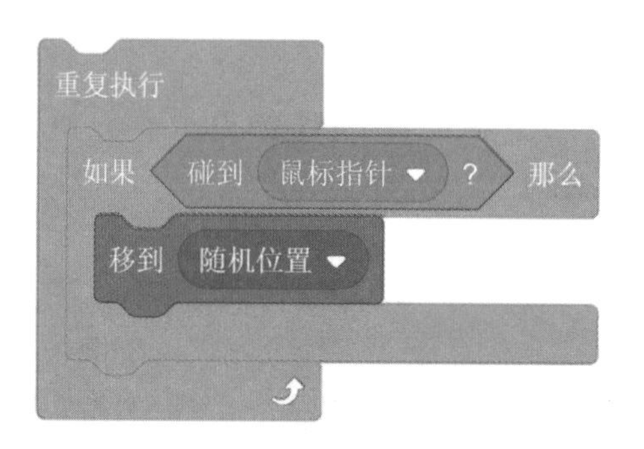

3 第三步：点击执行程序后，小白兔在碰到鼠标指针的一刹那便会移到其他的位置，真是一只胆小的小白兔！

4 第四步：点击“碰到……”积木块上的白色倒三角，还可以选择舞台边缘或是其他角色，为我们编写出更有意思的程序提供了可能。例如，我们可以编写如下变色龙的程序。

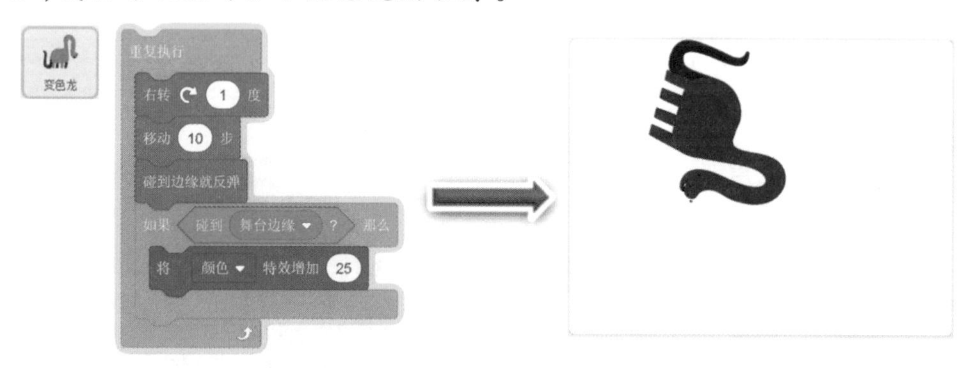

扫一扫

扫描下方二维码，获取本示例的视频教程。

7.2 神奇的变色龙（碰到颜色……）

1 第一步：新建一个项目，删除默认的小猫角色。添加角色“Dinosaur1”，并修改角色名称为“变色龙”。

2 第二步：现在我们为变色龙绘制一个带有颜色的背景吧！

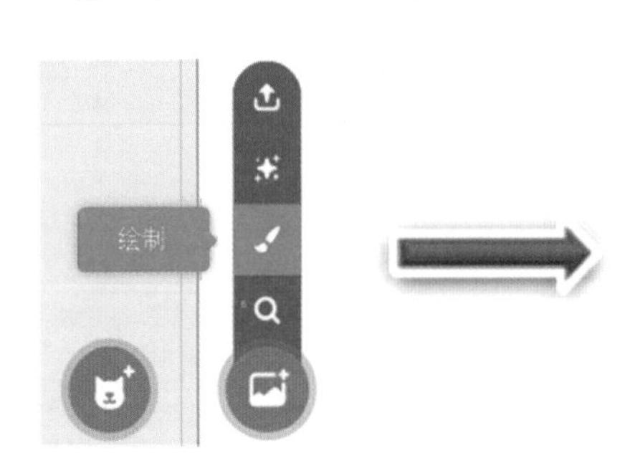

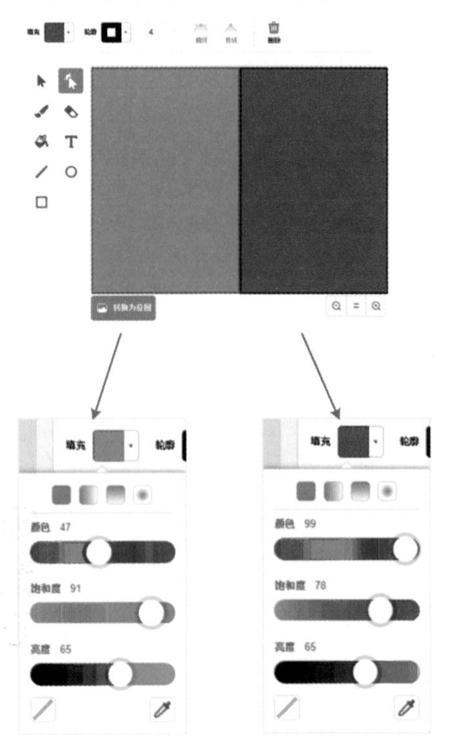

使用矩形工具，将舞台划分为两种不同的颜色，记得正确填充颜色的参数哦！

3 第三步：为变色龙编写脚本，让它可以根据环境的不同而改变颜色。

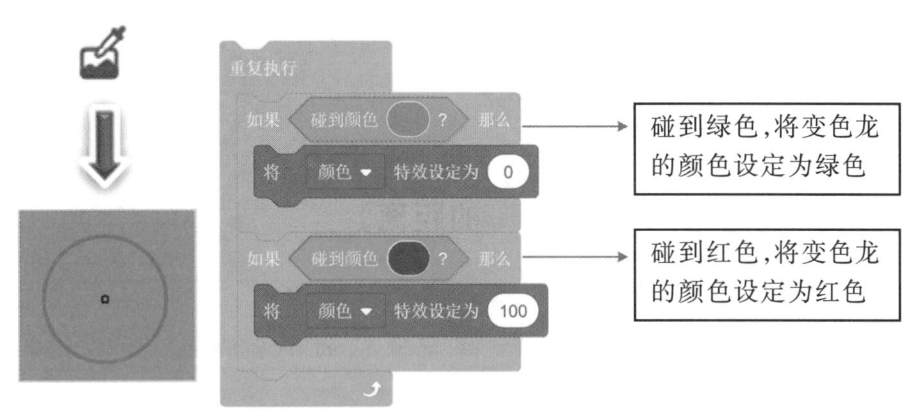

i 点击程序块中的颜色盘，使用吸管工具快速从舞台中抓取颜色。

4 第四步：点击执行程序，拖动变色龙到不同颜色区域上观察变化。

i 变色龙已经可以在遇到不同的颜色时变成对应的颜色。

扫一扫

扫描下方二维码，获取本示例的视频教程。

试一试

你可以编写程序，让变色龙适应更多的颜色吗？

7.3 亲密朋友（到……的距离）

1 第一步：新建一个项目，保留默认的小猫角色，并添加角色“Monkey”，分别修改角色名称为“小猫”和“小猴”（它们是好朋友）。

2 第二步：为小猴编写脚本：当小猫每次离开小猴一段距离后，小猴就会急躁起来，直到小猫回到它的身边。

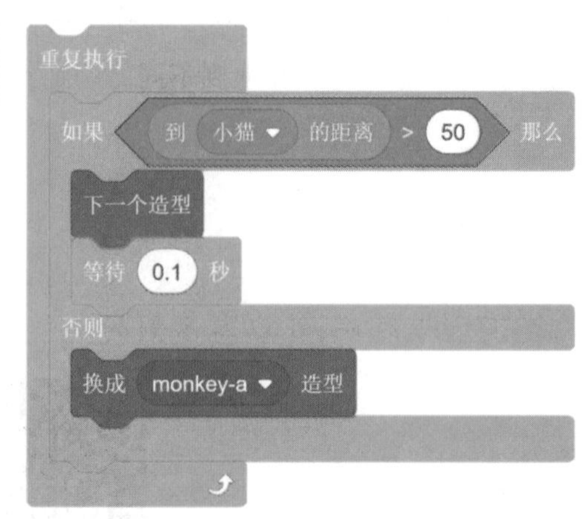

拖出“到……指针的距离”积木块后，需要点击白色的倒三角，选择小猫。

3 第三步：试着将小猫拖远一点试试看吧。

小猫离开后，小猴立刻就急躁了起来，真是一对离不开的好朋友！

扫一扫

扫描下方二维码，获取本示例的视频教程。

拓展建议

通过“到……的距离”积木块，可以让小猫感知和好朋友之间的距离，那么有什么办法可以让我们编写的程序更有意思呢？

程序方向

- 结合已经学过的“在……秒内滑行到……”与“面向……”等积木块，让小猴在小猫远离的时候不只在原地干着急，还可以不断地向小猫靠近。

情节方向

- 小猫和小猴是一对好朋友，小猫喜欢外出走走，小猴则喜欢待在家里，但是小猫一离开，小猴就急得不得了……

7.4 和角色对话（询问……并等待/回答）

1 第一步：新建一个项目，删除默认的小猫角色。添加角色“Pico”。

2 第二步：拖出积木块“询问‘What’s your name?’并等待”。

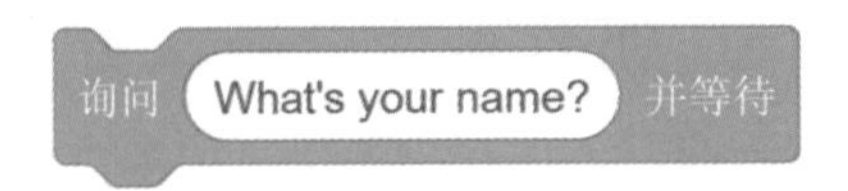

3 第三步：在下方组合积木块“询问‘你好，我的名字叫Pico，很高兴认识你’并等待”。

4 第四步：点击执行程序，观察舞台区的变化。

可以看到Pico开始和我们交流，并且在舞台的下方出现了回答框，供你回答Pico提出的问题。

5 第五步：在输入框内输入你的名字，并点击旁边的蓝色对勾，看看Pico会怎样回答你。

看来Pico已经接到了我们的消息，并且向我们发出了友好的回应。

6 第六步：勾选“回答”，可以查看我们回答的内容哦。

扫一扫

扫描下方二维码，获取本示例的视频教程。

拓展建议

通过“询问……并等待”和“回答”积木块，可以和舞台上的角色进行交流，那么有什么办法可以让我们编写的程序更有意思呢？

程序方向

- 结合“如果……那么……”和“……=……”积木块，对收到的回答进行判断。若回答内容与预设相符，则可以让角色做出相应的行为。

情节方向

- “询问……并等待”和“回答”积木块是我们和角色沟通的重要途径，可以向角色询问他喜欢的食物、运动等等，看它如何回答。

7.5　按下对应按键（按下……键）

我们来和小猫玩一个游戏吧！当它向左走的时候，我们就要按下向左的按键；当它向右走时，我们就一定要按下向右的按键，否则小猫会不开心。

1 第一步：新建一个项目，保留默认的小猫角色，并修改“Cat”为“小猫”。

2 第二步：为小猫编写脚本，使用侦测模块里的“按下……键”积木块，使小猫可以接收到我们的指令。

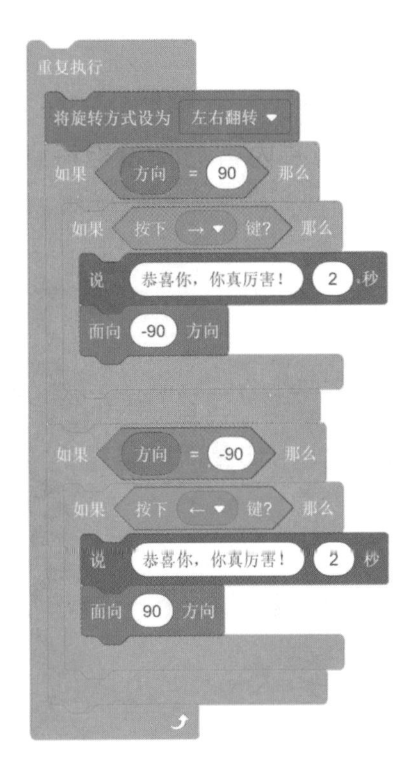

3 第三步：点击运行程序。让我们和小猫一起玩耍吧！

按下左键。

扫一扫

扫描下方二维码，获取本示例的视频教程。

练一练

你可以为小猫编写更多按键的指令吗？让这个游戏更有趣！

7.6 时刻记录（响度/计时器（归零）/当前时间的……/2000年至今的天数）

还记得我们在第5章认识的容易受到惊吓的老鼠吗？它害怕大的声音，并且绝不会在外面停留超过60秒。在侦测模块内，就有显示“响度”和“计时器”的积木块，让我们一起来看看吧！

1 勾选两个按钮，观察舞台区的变化。

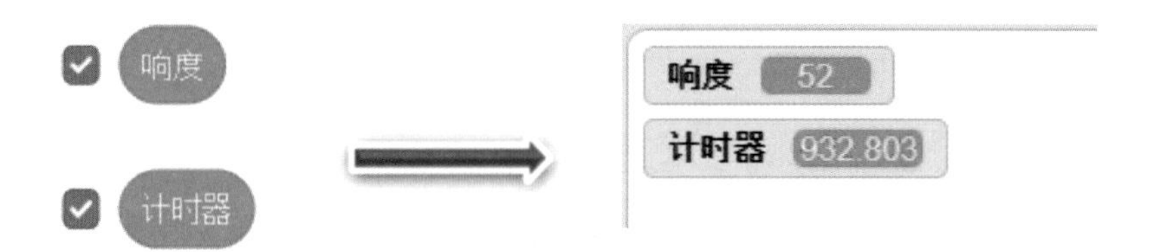

随着外界声音大小的变化和时间的流逝，我们可以发现响度和计时器时刻都在记录着信息。计时器更是从程序被开启的那一刻，就开始不停地运转了。

2 点击“计时器归零”积木块，尝试归零计时器。

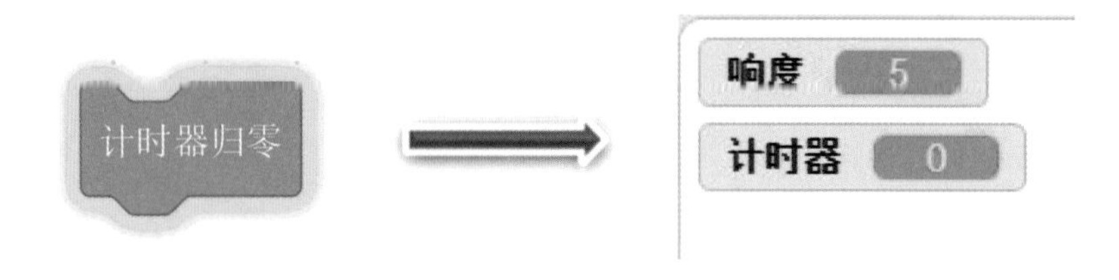

3 还可以通过勾选“当前时间的……”积木块，在舞台上显示今天的日期，甚至可以计算2000年到今天的天数。

是不是非常强大？侦测模块中还有许多有趣的内容等你去探索！

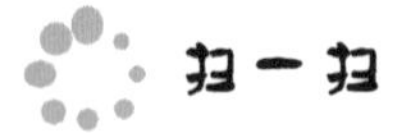

扫描下方二维码，获取本示例的视频教程。

7.7 综合案例：药水守护人

背景介绍：只有真正的候选人才可以成为药水的守护人，其他人根本没有办法发现它，但在此之前你一定要先找到原有的守护人！

1 第一步：删除默认的小猫角色，添加角色“Goblin”“Frank”和“Potion”，并依次修改角色名称为“新守护者”“守护者”和“药水”。

2 第二步：选择舞台背景“Witch House”，并将各角色拖动至如图位置。

3 第三步：分别为各角色编写脚本。

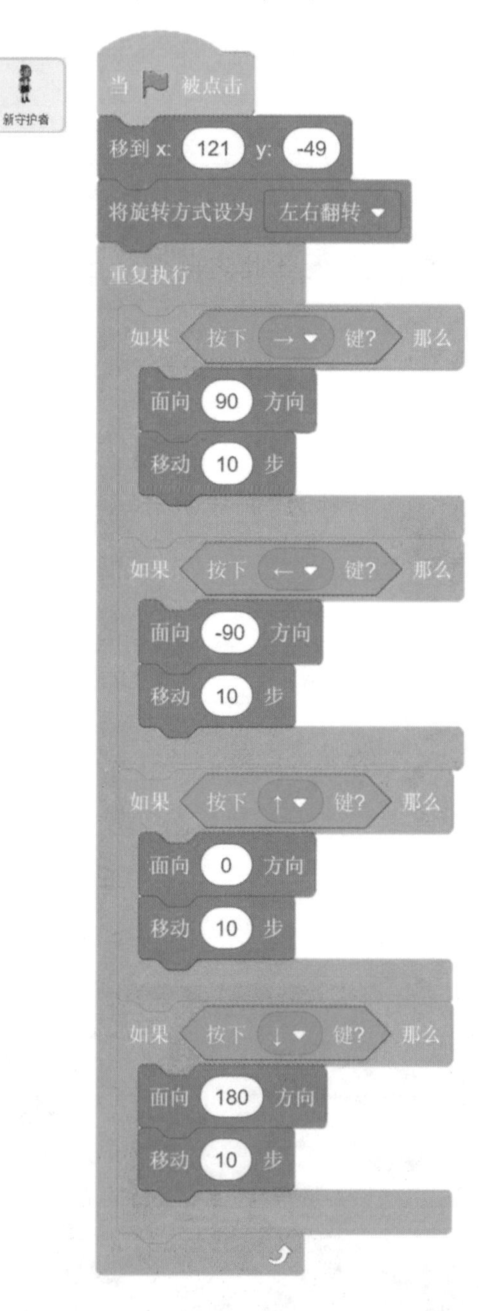

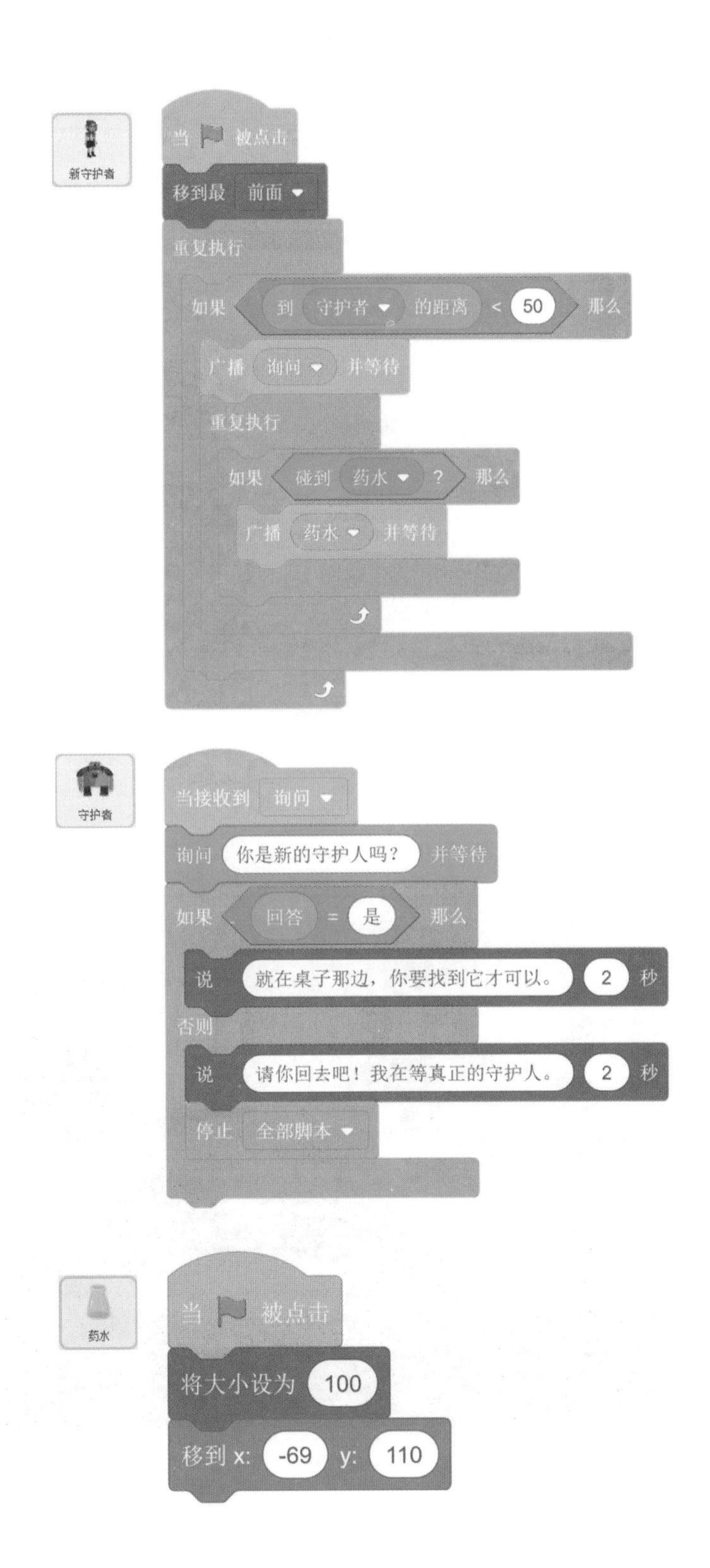
新守护者
当 被点击
移到最 前面
重复执行
如果 到 守护者 的距离 < 50 那么
广播 询问 并等待
重复执行
如果 碰到 药水 ? 那么
广播 药水 并等待
守护者
当接收到 询问
询问 你是新的守护人吗？ 并等待
如果 回答 = 是 那么
说 就在桌子那边，你要找到它才可以。 2 秒
否则
说 请你回去吧！我在等真正的守护人。 2 秒
停止 全部脚本
药水
当 被点击
将大小设为 100
移到 x: -69 y: 110

4 第四步：点击执行程序。控制新守护者完成守护任务吧！

扫一扫

扫描下方二维码，获取本示例的视频教程。

案例解析

1. 为新守护者的移动编写程序

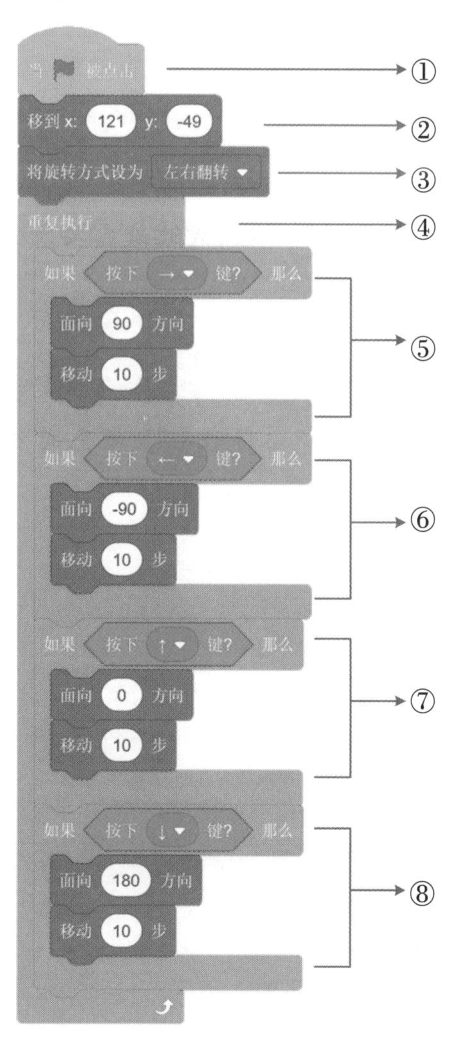

① 当⚑被点击

所属模块：事件模块。

作用：使程序开始执行。

② 移到 x：……y：……

所属模块：运动模块。

作用：在每次程序开始时，让新守护者回到初始位置。

③ 将旋转方式设为左右翻转

所属模块：运动模块。

作用：将新守护者的翻转模式设为左右翻转，避免在操控角色时出现向上、向下或上下颠倒的情况。

④ 重复执行

所属模块：控制模块。

作用：重复执行该积木块内所包含的所有积木块，因为角色需要不断地接收按键的控制，而不只是一次，故此处需要重复执行。

⑤ 控制角色向右走

关键积木块属于：控制模块。

作用：让角色不断进行是否按下向右方向键的判断，如果"→"键被按下，就让角色向"90"（向右）方向移动5步，角色向右走。

⑥ 控制角色向左走

关键积木块属于：控制模块。

作用：同上。

⑦ 控制角色向上走

关键积木块属于：控制模块。

作用：同上。

⑧ 控制角色向下走

关键积木块属于：控制模块。

作用：同上。

2. 为触发守护者和药水的行为编写程序

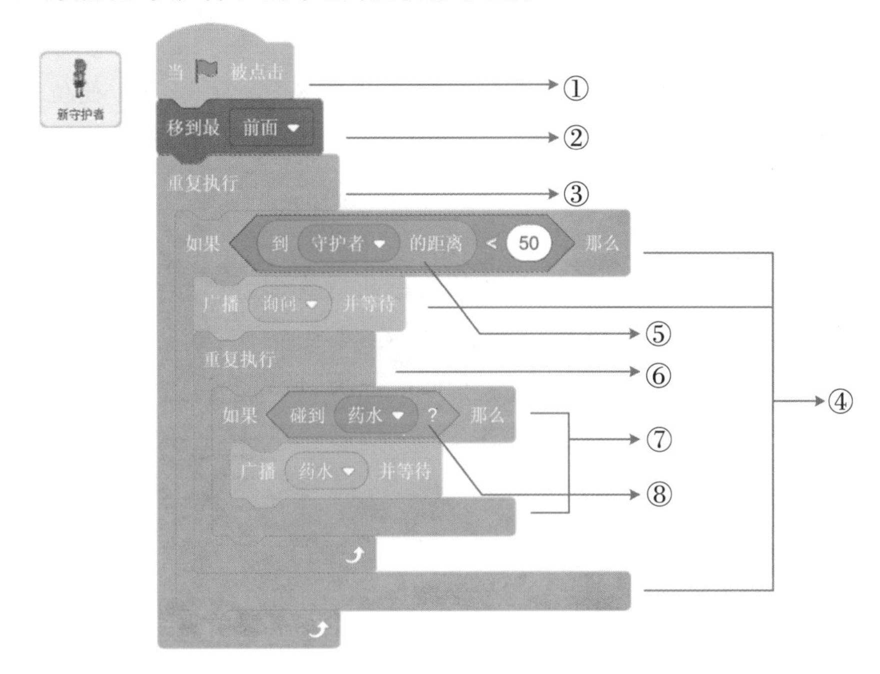

① 当被点击

所属模块:事件模块。

作用:使程序开始执行。

② 移到最前面

所属模块:外观模块。

作用:在程序开始时,保持我们将要操控的新守护者在所有角色的最前面,不会被其他角色遮挡。

③ 重复执行

所属模块:控制模块。

作用:重复执行该积木块内所包含的所有积木块,不断地执行新守护者与守护者之间距离的判断以及其内的所有积木块。

④ 是否触发守护者的行为

关键积木块属于:侦测模块。

作用:不断地测量新守护者与守护者之间的距离,然后将数值与50进行比较。如果两者之间的距离小于50,那么广播"询问",使接收到"询问”消息的守护人做出相应的行为。

⑤ 到守护者的距离

所属模块：侦测模块。

作用：用来测量新守护者到守护者的距离，以便可将其数值与50进行比较。

⑥ 重复执行

所属模块：控制模块。

作用：重复执行该积木块内所包含的所有积木块。因为在判断新守护者与守护者之间的距离小于50之后，需要不断地进行新守护者与药水之间是否发生接触的判断，而不止是一次，所以这里需要重复执行。

⑦ 是否触发药水的行为

关键程序块属于：侦测模块。

作用：不断地检测新守护者是否接触到药水。如果两者有接触，就广播“药水”消息。是否触发药水行为的判断，必须放在两位守护者之间距离的判断之内，因为必须要让新守护者与守护者完成对话之后，才可以让新守护者触发药水。

⑧ 碰到药水

所属模块：侦测模块。

作用：用来检测新守护者与药水之间是否有接触。

3. 为询问是否是新守护人编写程序

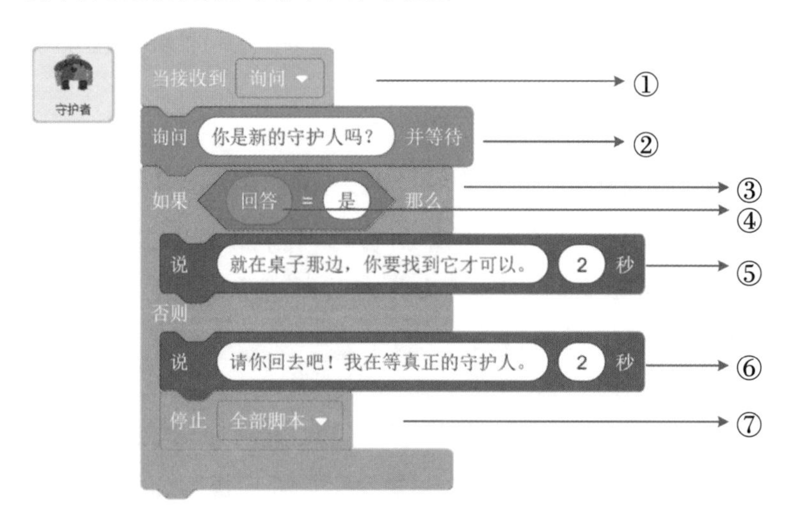

① 当接收到询问

所属模块:事件模块。

作用:在接收到消息"询问"后开始执行以下程序,"询问"消息会在新守护者与守护者之间的距离小于50时发出,之后接收到消息的守护者开始进行询问。

② 询问"你是新的守护人吗?"并等待

所属模块:侦测模块。

作用:让守护者发出"你是新的守护人吗?"的询问,并等待答复。

③ 如果……那么……否则……

所属模块:控制模块。

作用:如果守护者收到的答复为"是",那么就指引守护者找到药水,如果守护者的回答为"是"以外的其他回答,那么就发出拒绝并停止运行所有的积木。

④ 回答

所属模块:侦测模块。

作用:用来收集记录守护者上一次询问所得到的答复,答复的内容将存储在"回答"这个变量内。

⑤ 说"就在桌子那边,你要找到它才可以。"2秒

所属模块:外观模块。

作用:让守护者在舞台上以对话框的形式说出"在桌子那边,你要找到它才可以。"为新守护者做出指引。

⑥ 说"请你回去吧! 我在等真正的守护人。"2秒

所属模块:外观模块。

作用:让守护者在舞台上以对话框的形式说出"请你回去吧! 我在等真正的守护人。"拒绝新守护者。

⑦ 停止全部脚本

所属模块:控制模块。

作用:停止所有正在执行的脚本,在守护者得知前来对话的不是真正的守护者时，整个动画全部停止，无法操纵新守护者，也无法进行其他动画。

4. 为药水的外观和位置编写程序

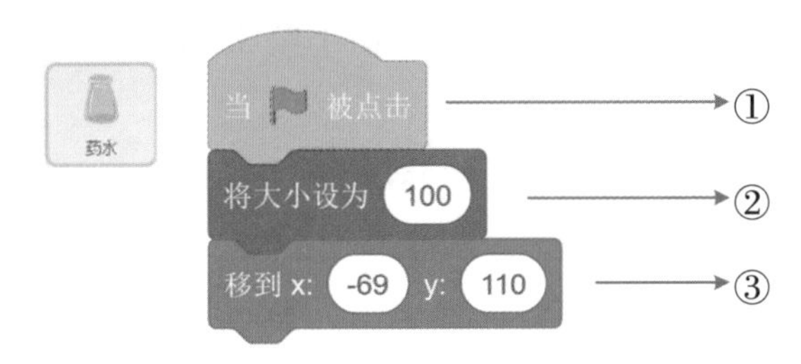

① 当被点击

所属模块：事件模块。

作用：使程序开始执行。

② 将大小设为100

所属模块：外观模块。

作用：设定药水的初始大小，以便在下一次启动时药水可以恢复原来的大小。

③ 移到x：……y：……

所属模块：运动模块。

作用：确定药水的初始位置，使程序每次开始执行后药水都在这个位置出现。

5. 为接收药水编写程序

① 当接收到“药水”

所属模块：控制模块。

作用：用来接收所发出的消息，并且在接收到“药水”后，开始执行下面的程序。

② 在1秒内滑行到x:……y:……

所属模块:运动模块。

作用:在1秒内让药水滑行到指定的位置。

6. 为药水与新守护人的对话编写程序

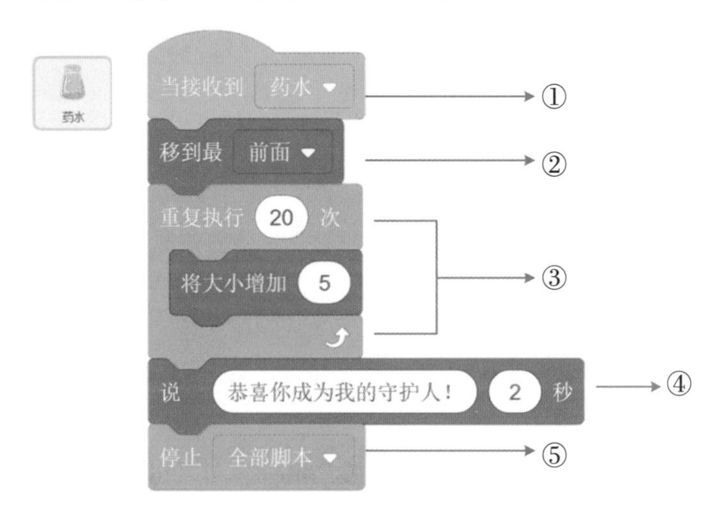

① 当接收到药水

所属模块:控制模块。

作用:用来接收所发出的消息,并且在接收到“药水”后开始执行下面的程序。

② 移到最前面

所属模块:外观模块。

作用:当这个程序块执行后,药水会成为所有角色中排在最前面一层的一个角色,不会被任何其他角色所遮挡。

③ 药水瓶不断变大

关键程序块属于:外观模块。

作用:使药水瓶不断变大,与药水瓶的移动同时开始执行,产生在移动过程中不断变大并最终移动到舞台中央位置的效果。

④ 说“恭喜你成为我的守护人!”2秒

所属模块:外观模块。

作用:让药水在舞台上以对话框的形式说出“恭喜你成为我的守

护人!”。

⑤ **停止全部脚本**

所属模块:控制模块。

作用:停止所有正在执行的脚本,整个动画结束。

本章小结:

通过侦测模块中的积木块,可以让角色认识颜色、知道时间,甚至可以与我们进行对话,是不是很神奇?将侦测模块内这些具有神奇功能的积木块与其他模块的积木块进行适当的结合,还会产生更加有趣的功能哦!

STE@M

第8章

轻松计算（运算模块）

掌握简单的四则运算与逻辑运算后，可以完成更加复杂而精准的程序。

本章重难点

本章重点

- 在……和……之间取随机数(对应小节:8.2)
- 与、或、不成立(对应小节: 8.3)

本章难点

- 理解与掌握真假命题
- 理解与掌握且、或、非的关系

真假命题

真命题(true statement)是一种逻辑学术语。在数学中,把用语言、符号或式子表达的可以判断真假的陈述句叫做命题。命题只能取两个值:真或假。"真"对应判断正确(true),"假"对应判断错误(false)。任何命题的真值都是唯一的,真值为真的命题为真命题,反之为假命题。例如,1+1=3是一个假命题;1+2=3是一个真命题。

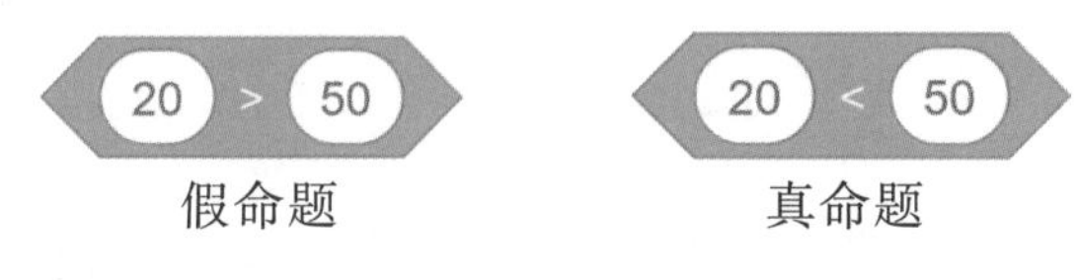

假命题　　真命题

且、或、非

且、或、非的关系在Scratch中就是与、或、不成立的关系。

与:两个条件同时满足才成立;

或:两个条件满足一个就成立;

不成立:如果p为真命题,那么p的不成立命题为假命题。

集合的包含关系

在一个集合$A\{1,2,3,4,5,6\}$中有6个数，数字“2”在该集合中，那么集合A包含2；数字“7”不在集合A中，那么集合A不包含7。在Scratch中，表达包含关系的程序块如图所示。

8.1 数学考试（“+”“-”“*”“/”）

背景介绍：小猫最近要参加数学考试，但是遇到了一些难题，没有办法解决。

27+19=?	5*19=?
36-11=?	138/3=?

Scratch里就提供了简单的四则运算的积木块，让我们一起帮助小猫找到结果吧！

1 第一步：拖出“……+……”积木块，在里面输入要计算的值。

2 第二步：点击执行程序，查看结果。

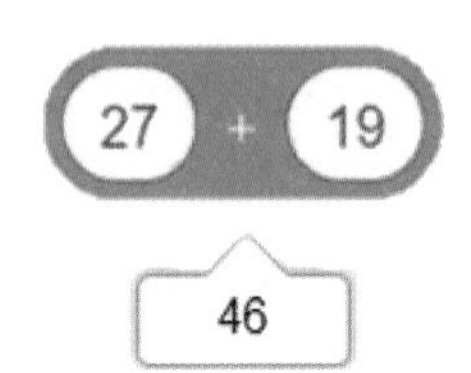

3 第三步：让小猫说出结果。找到让小猫说话的脚本，嵌入我们编写好的算式程序，点击运行。

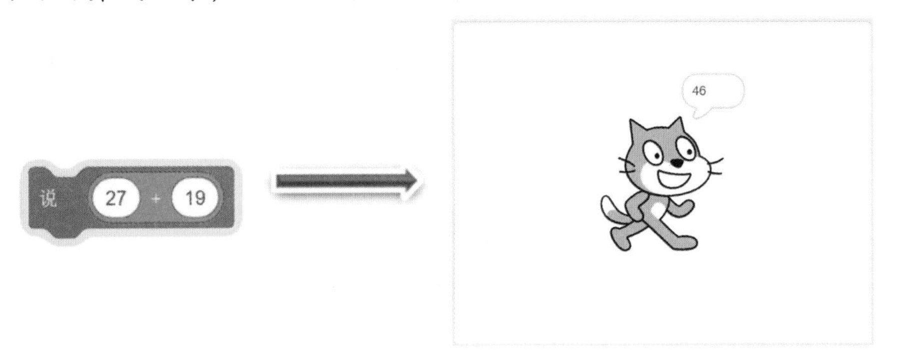

扫描下方二维码，获取本示例的视频教程。

你能用同样的办法帮助小猫计算一下其他的问题吗？

8.2　点名系统（在……和……之间取随机数）

> 背景介绍：上课点名回答问题这件事情让小波老师很头疼，现在我们一起来帮助他设计一个点名系统吧！

1 第一步：在运算模块内有一个可以随机产生一个数的积木块，拖出“在……和……之间取随机数”积木块，并输入参数。

因为班级里有30个学生，所以我们将参数设置为1和30。

2 第二步：拖出“说话”积木块，让小波老师说出“点名了！”。

把“说话”积木块换成没有时间限制的可以吗？

3 第三步：在“说话”积木块的下方再放一个“说话”积木块，并将写好的点名程序放进去。

4 我们已经顺利帮助小波老师解决了点名的难题，快点击运行看一下效果吧！

点名系统每次只会出现1~30之间(包括1和30)的一个整数哦!

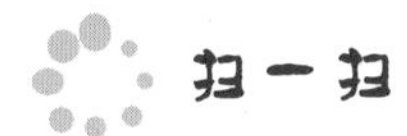

扫一扫

扫描下方二维码,获取本示例的视频教程。

拓展建议

通过“在……和……之间取随机数”积木块,可以帮助小波老师设计点名系统,那么有什么办法可以让我们编写的程序更有意思呢?

程序方向

- 结合“移到x：……y：……”积木块，可将角色随机移动的范围确定在一个区域内。

情节方向

- 两位小朋友在玩掷骰子的游戏，点数只能出现1~6点中的一个，你能帮他们设计一个公平的掷骰子的游戏吗？

8.3 这里只有对与错（“>”“<”“=”“包含”“与”“或”“不成立”）

1 在运算模块里，有一些运算结果只有对与错的积木块，应用这些积木块可以很快得到结果，但是结果只有“true”或“false”。

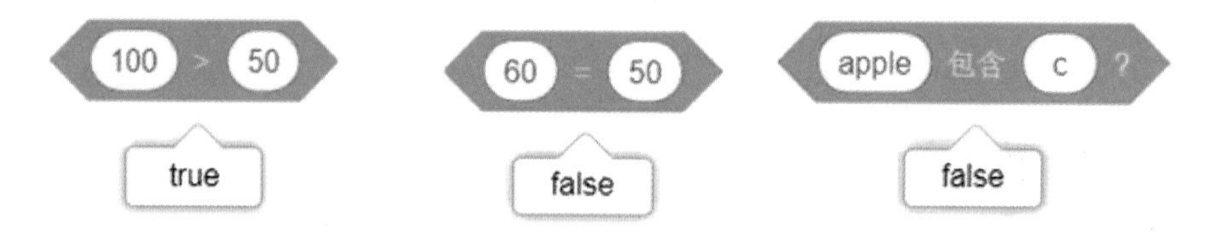

2 值得注意的是，我们看到了一些奇怪的积木块，它们空缺所有的参数。

它们的结果同样只会产生“true”或“false”，但是它们的参数也只能是“true”或“false”。

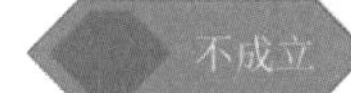

只有两个参数均为“true”时，运算结果才会为“true”；其他组合，结果为“false”。

两个参数中只要满足任一项为“true”时，运算结果就会为“true”；其他组合，结果为“false”。

不成立

运算结果与参数结果相反。

扫一扫

扫描下方二维码，获取本示例的视频教程。

练一练

下列积木块的运算结果分别是什么？

1. sky 包含 ky ?

2. 100 > 50 不成立

3. 70 = 100 或 sky 包含 ky ?

4. 70 = 100

8.4 综合案例：绘制微软图标

背景介绍：微软是一家美国的跨国科技公司，由比尔·盖茨和保罗·艾伦于1975年创办，总部设立在华盛顿州的雷德蒙德市。最为著名和畅销的产品为Microsoft Windows操作系统和Microsoft Office系列软件。目前，微软是全球最大的电脑软件提供商。

微软图标由4种不同颜色的方块组成。

1 第一步：删除默认小猫角色，添加角色“Ball”，并修改角色名称为“小球”。

2 第二步：添加舞台背景“Xy-grid”。(不用考虑小球的位置)

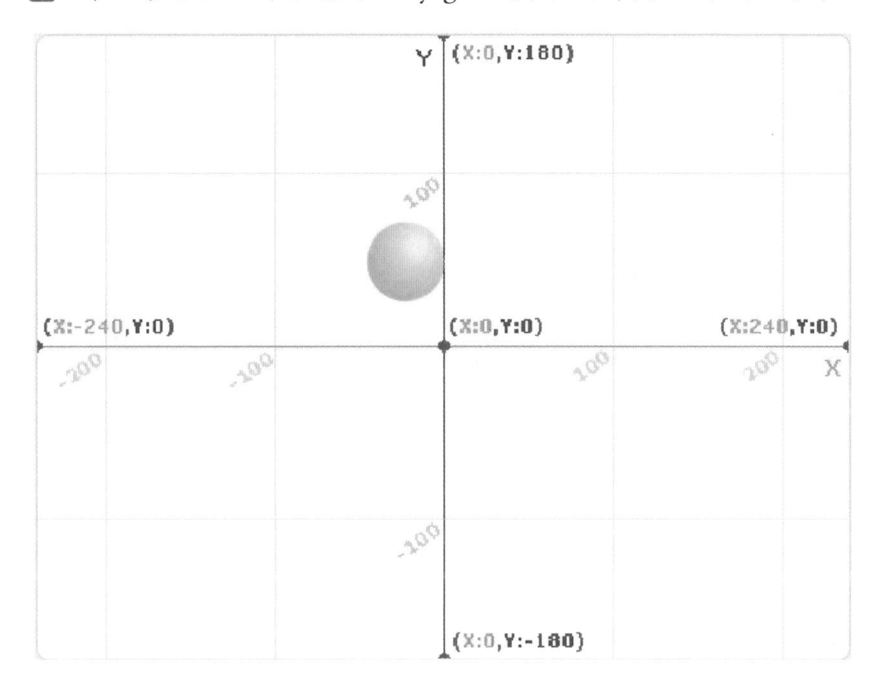

3 第三步：为小球编写脚本。

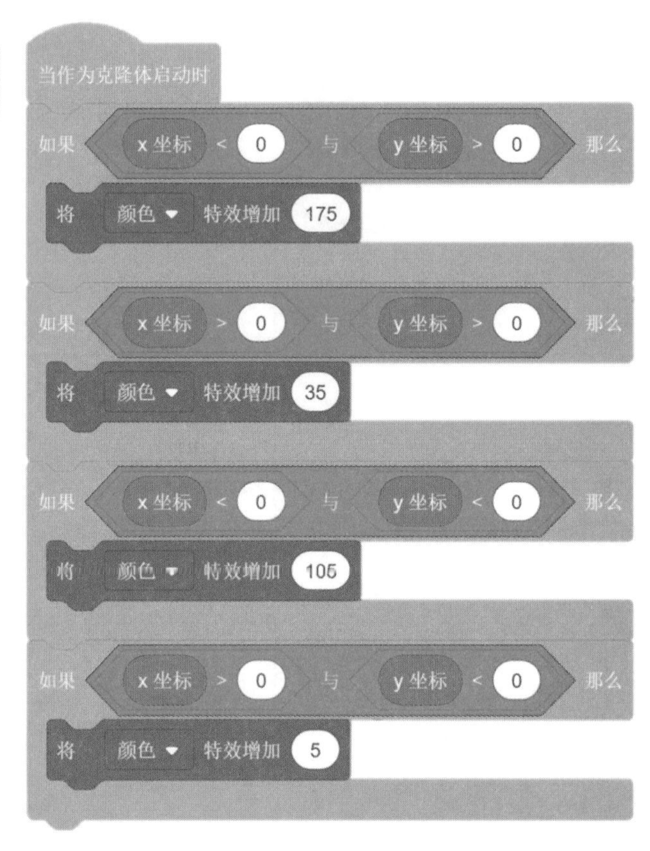

4 第四步：点击执行程序，产生如下结果。

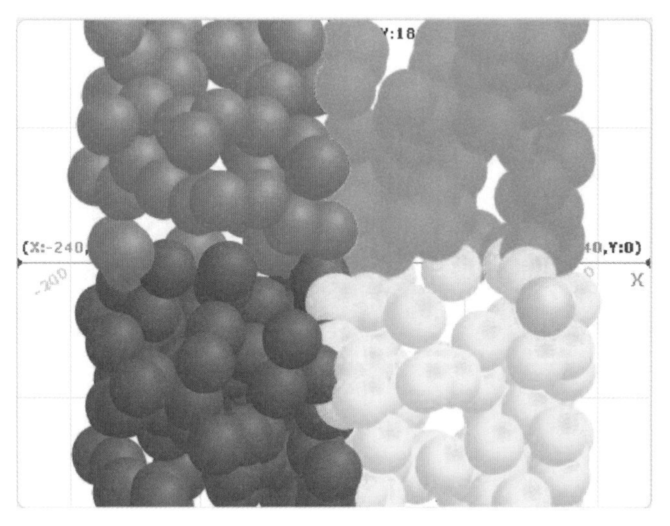

扫一扫

扫描下方二维码,获取本示例的视频教程。

案例解析

1. 为克隆小球编写程序

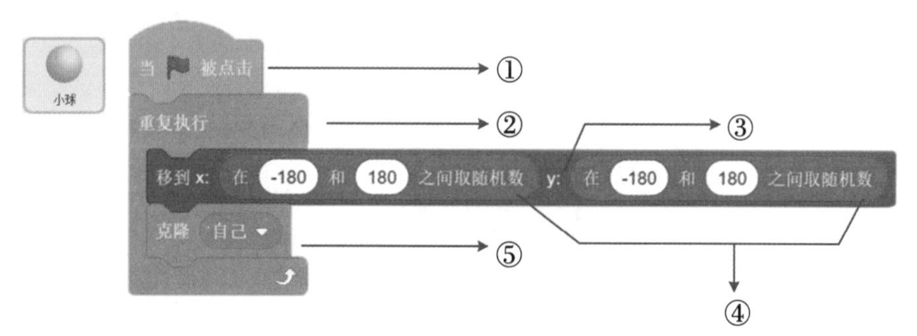

① **当被点击**

所属模块:事件模块。

作用:使程序开始执行。

② **重复执行**

所属模块:控制模块。

作用:重复执行该积木块内所包含的所有积木块,让小球不断地变换位置并克隆出新的小球。

③ **移到 x:……y:……**

所属模块:运动模块。

作用:让小球移动到指定位置,这里的两个位置坐标是在一定范围内随机生成的。

④ **在-180和180之间取随机数**

所属模块:运算模块。

作用：这个积木块会在−180~180之间产生一个随机数，有可能是这之间的任意一个数值(包含−180和180)，两个任意产生的数值组成小球即将运动到的位置坐标，使小球在规定的范围内随机出现。

⑤ 克隆自己

所属模块：控制模块。

作用：复制一个新的自己出现，它的所有信息，包括位置、大小、颜色等都与自己现在的状态相同。

2. 为小球绘制微软图标编写程序

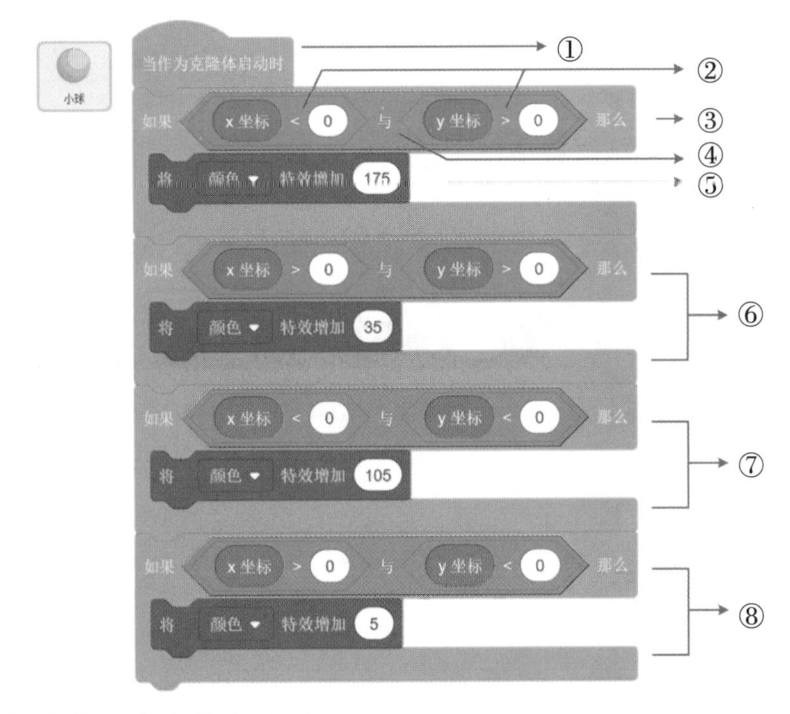

① 当作为克隆体启动时

所属模块：控制模块。

作用：当角色被克隆后，克隆后的新角色将执行这个积木块以下的程序。

② 比较大小

所属模块：运算模块。

作用：该模块会根据左右两边参数的值以及符号进行大小判断，如果符合符号规则，结果为“true”，否则为“false”。在这里用来比较x坐标和y坐标与0的大小关系。

③ **如果……那么……**

所属模块：控制模块。

作用：如果x的值小于0并且y的值大于0，那么就将克隆体的颜色增加175，变为红色。

④ **……与……**

所属模块：运算模块。

作用：只有当左右两端的判断结果都为“true”时，这个积木块的结果才是“true”，其他所有情况都为“false”。保证最终小球的位置一定在(x<0，y>0)(第二象限)时，才会变成红色。

⑤ **将颜色特效增加175**

所属模块：外观模块。

作用：将克隆小球的颜色变为红色。

⑥ **在特定区域将小球变为绿色**

关键积木块属于：运算模块。

作用：当小球的位置在(x>0，y>0)(第一象限)时，将小球变为绿色。

⑦ **在特定区域将小球变为蓝色**

关键积木块属于：运算模块。

作用：当小球的位置在(x<0，y<0)(第三象限)时，小球将变为蓝色。

⑧ **在特定区域将小球变为黄色**

关键积木块属于：运算模块。

作用：当小球的位置在(x>0，y<0)(第四象限)时，小球将变为黄色。

本章小结：

角色已经可以通过运算模块完成基本的计算了，不管是加减乘除，还是大于小于，甚至可以完成基础的逻辑运算。有了运算模块的帮助，将使程序变得精确又具有执行效率。

STE@M

第9章

将一切记下来（变量模块）

变量模块可以记录数量繁多而且复杂的数据，有了记录的能力就再也不用担心记忆力不好的问题了。

本章重难点

本章重点

- 建立一个变量(对应小节:9.1)
- 建立一个列表(对应小节:9.2)

本章难点

- 理解与掌握变量的概念
- 理解与掌握列表的概念

变量

变量来源于数学，在计算机语言中能够储存计算结果或能表示值的抽象概念。变量可以通过变量名访问。在指令式语言中，变量通常是可变的。例如，我们的年龄会随着时间的推移而增长，那么年龄就是一个可变的量；既然有变量，那么对应的就有一个不变的量，就像我们的姓名，它是一个常量。

在Scratch中，也常常运用到变量。例如，我们经常会遇到：程序需要统计角色的生命值，猫抓到老鼠的数量，在游戏中得到的分数，等等。这些数值都是不断变化的，这时我们就需要使用变量来记住它们了。

在Scratch中，有各种关于变量的积木块可供我们使用：

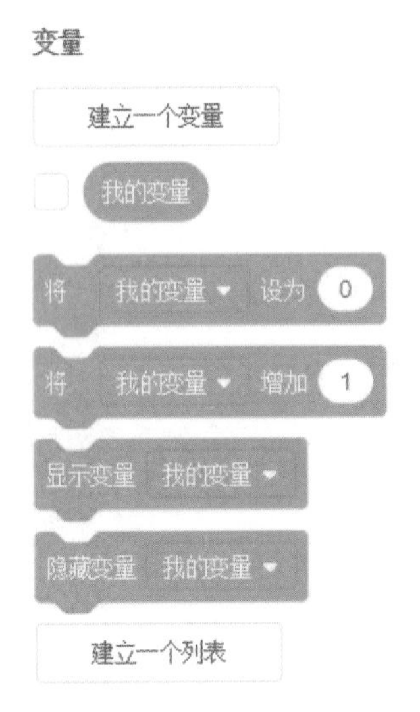

9.1 猫抓老鼠（建立一个变量）

1 第一步：新建一个项目，保留默认的小猫角色，并改名为“小猫”；添加角色“Mouse1”，修改名称为“老鼠”；添加背景“Room1”。

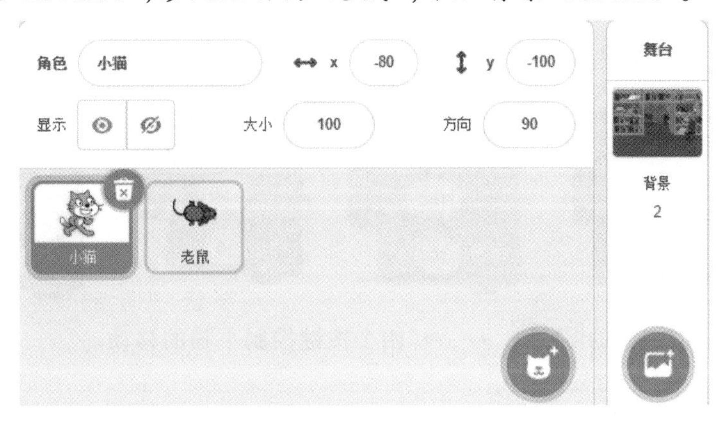

2 第二步：要想知道小猫抓了多少只老鼠，我们需要建立一个变量来记录它抓到的老鼠数量。

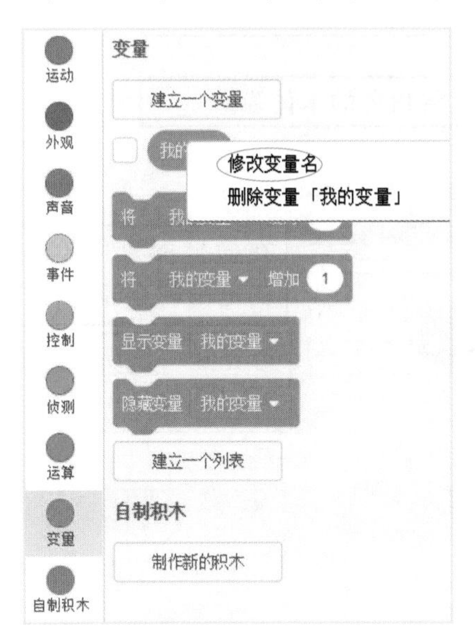

在“我的变量”积木块处点击右键，选择“修改变量名”，将变量名称修改为“个数”。如果重新建立一个变量时，我们还需要勾选“适用于所有角色”。

3 第三步：勾选“个数”，快速在舞台上方显示小猫抓到老鼠的数量。

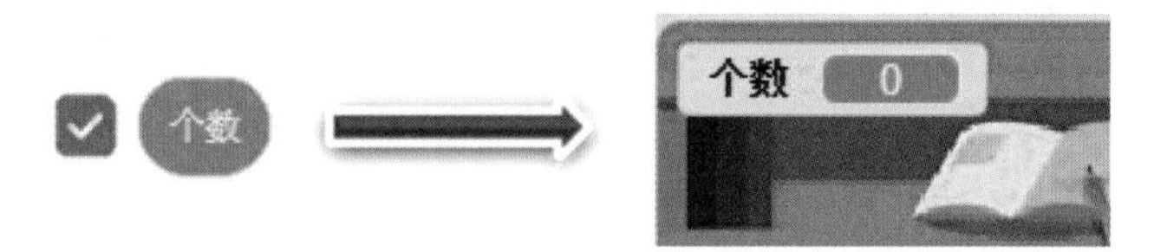

4 第四步：编写脚本。

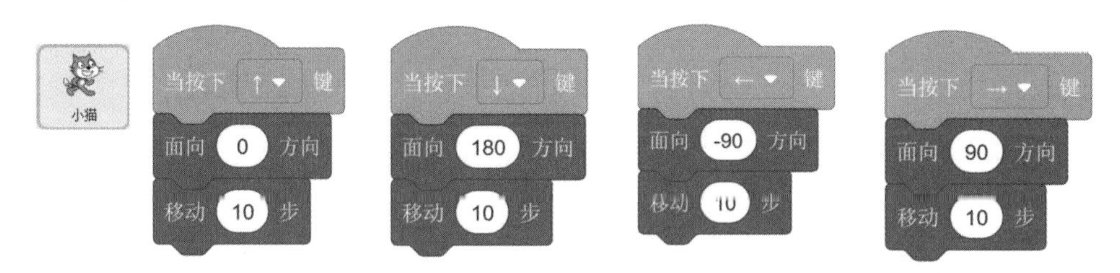

利用键盘的“↑、↓、←、→”四个按键控制小猫的移动。

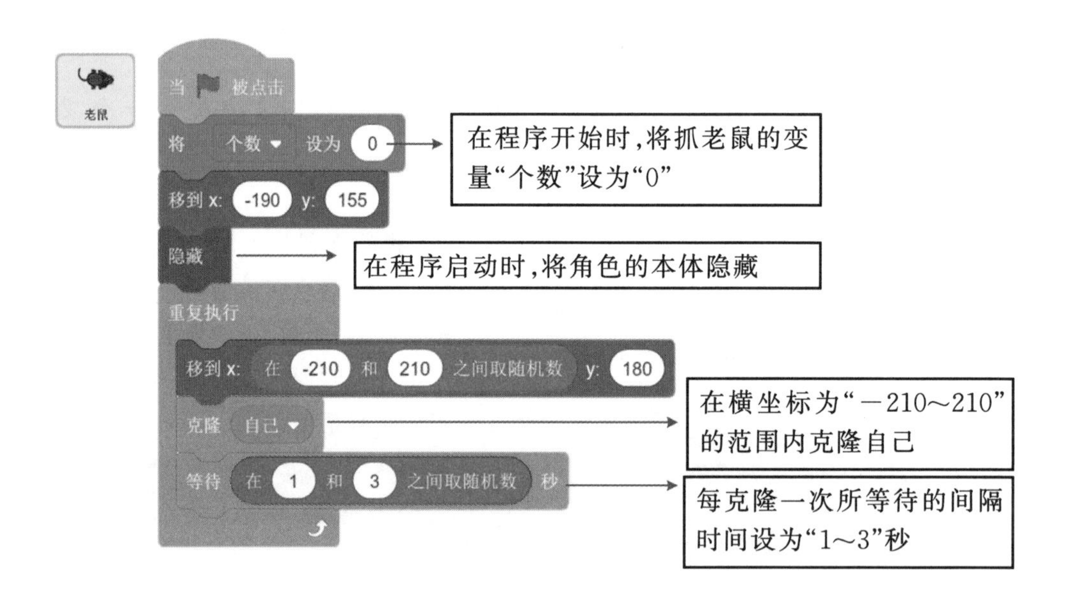

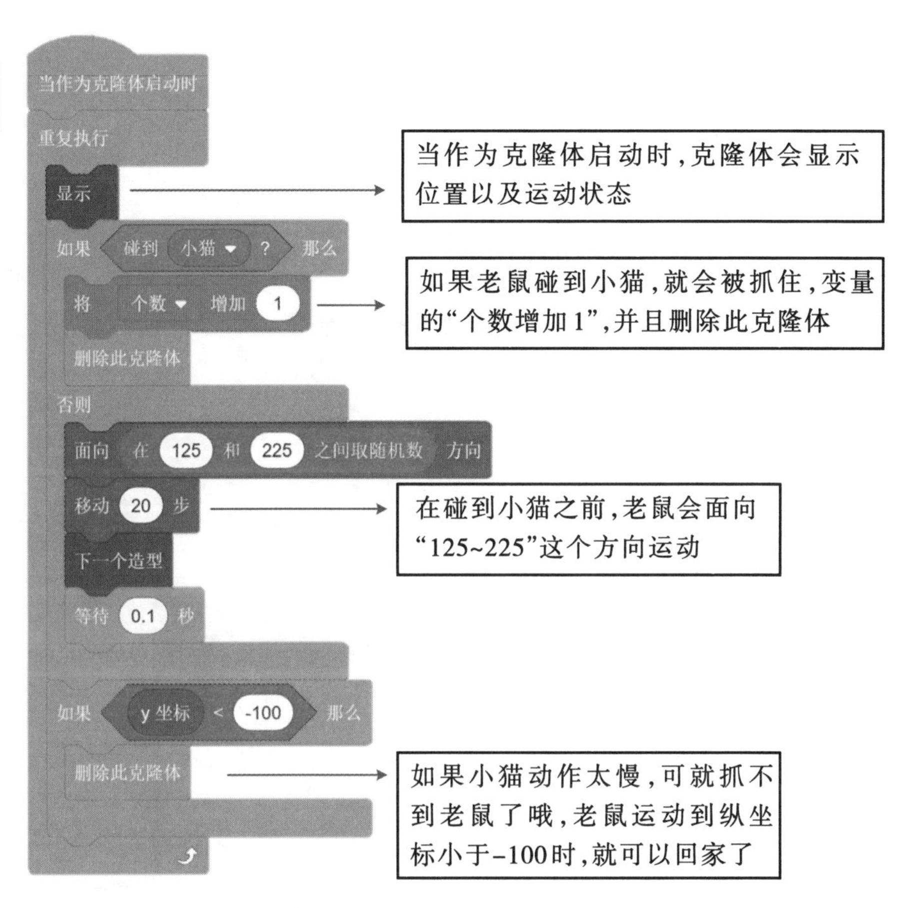

? 我们是否可以设置一个程序，当小猫抓够30只老鼠之后就停止？

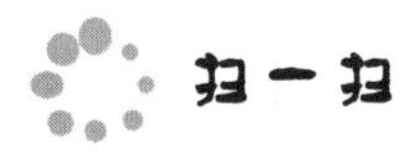

扫描下方二维码，获取本示例的视频教程。

9.2　记录同学们的身高（建立一个列表）

背景介绍：又到了体检的时候了。今年班长想要用刚刚学会的Scratch编程方法来记录大家的身高，我们来看看他是怎样操作的吧。

1 第一步：点击变量，在变量中点击“建立一个列表”，并给列表取一个名字“身高”。

记得勾选“适用于所有角色”，这样你的积木块就可以在其他角色中正常使用啦。

2 第二步：班级里有10位同学，身高分别为135、138、139、145、147、148、149、150、155、156；班长编写了如下程序来记录各位同学的身高。

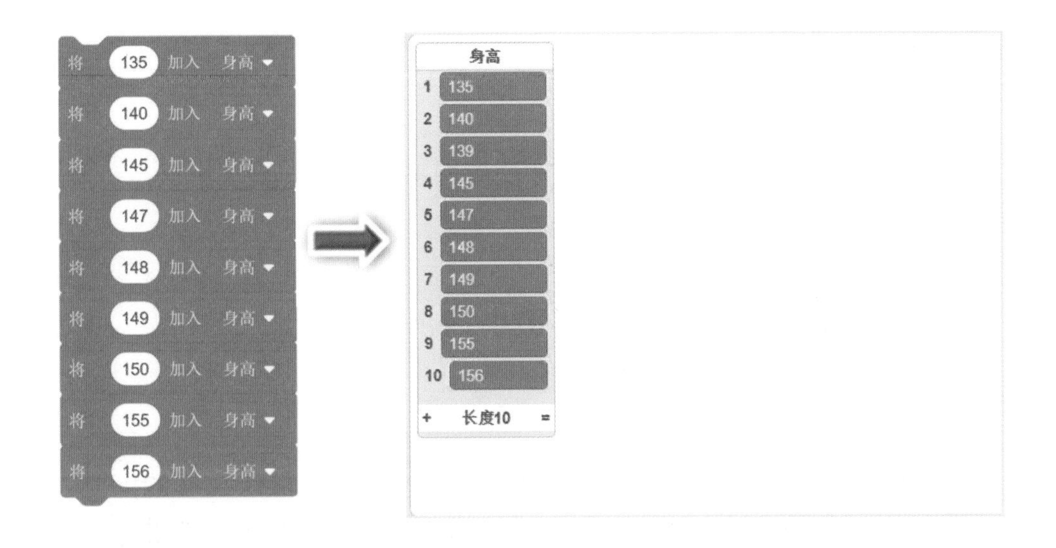

3 第三步：后来班长发现第2名同学的身高输入错了，他把“138”输成了“140”，于是他又使用程序进行了改正。

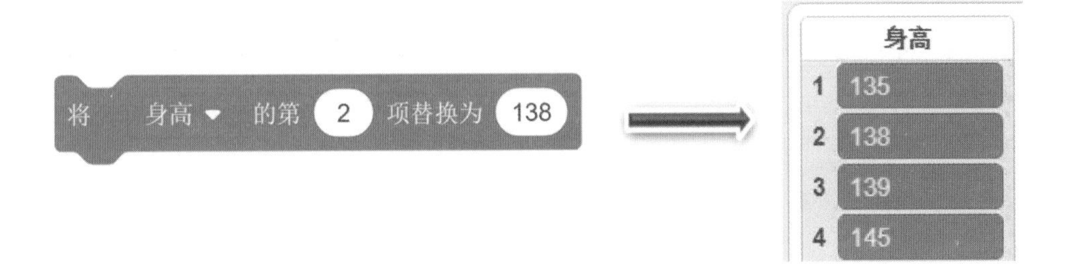

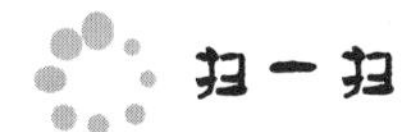

扫一扫

扫描下方二维码，获取本示例的视频教程。

想一想

除了记录身高，我们用列表还可以做哪些事情呢？

9.3 综合案例：计算高手小猫

背景介绍：小猫的数学非常好，而且非常热心，问它什么样的问题，它都会回答。只要告诉它两个数字以及它们之间的运算方式，小猫就会立刻说出答案！

1 第一步：新建一个项目，保留默认的小猫角色，并修改名称为“小猫”。

2 第二步：选择变量模块，点击“建立一个变量”。

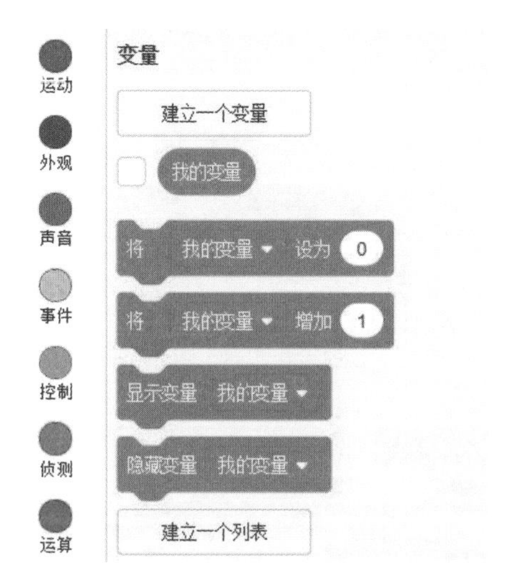

3 第三步：设置变量名为“第一个数”。

4 第四步：同样的方法建立变量“第二个数”和“结果”，并取消所有变量前的标记。

5 第五步：点击变量模块里的“建立一个列表”，设置列表名为“结果”，并保留默认勾选标记。

6 第六步：开始为小猫编写脚本。

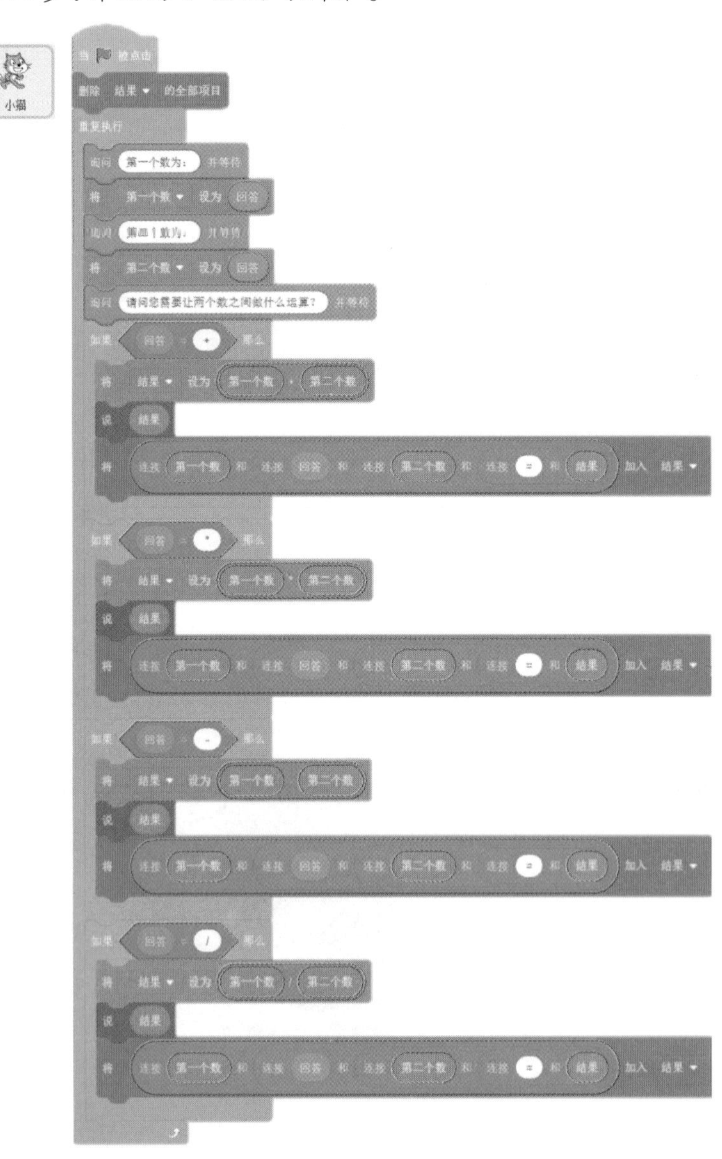

7 第七步：点击执行程序，并依次输入需要计算的数值和运算法则，然后小猫就可以帮你计算啦！

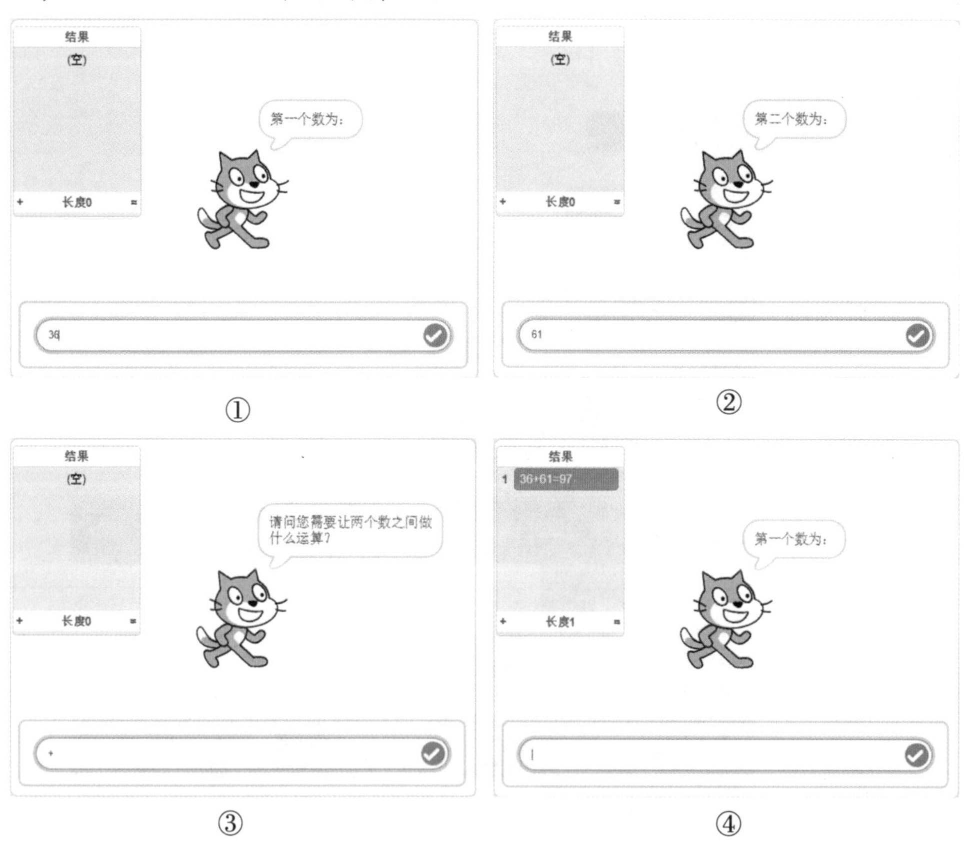

扫一扫

扫描下方二维码，获取本示例的视频教程。

案例解析

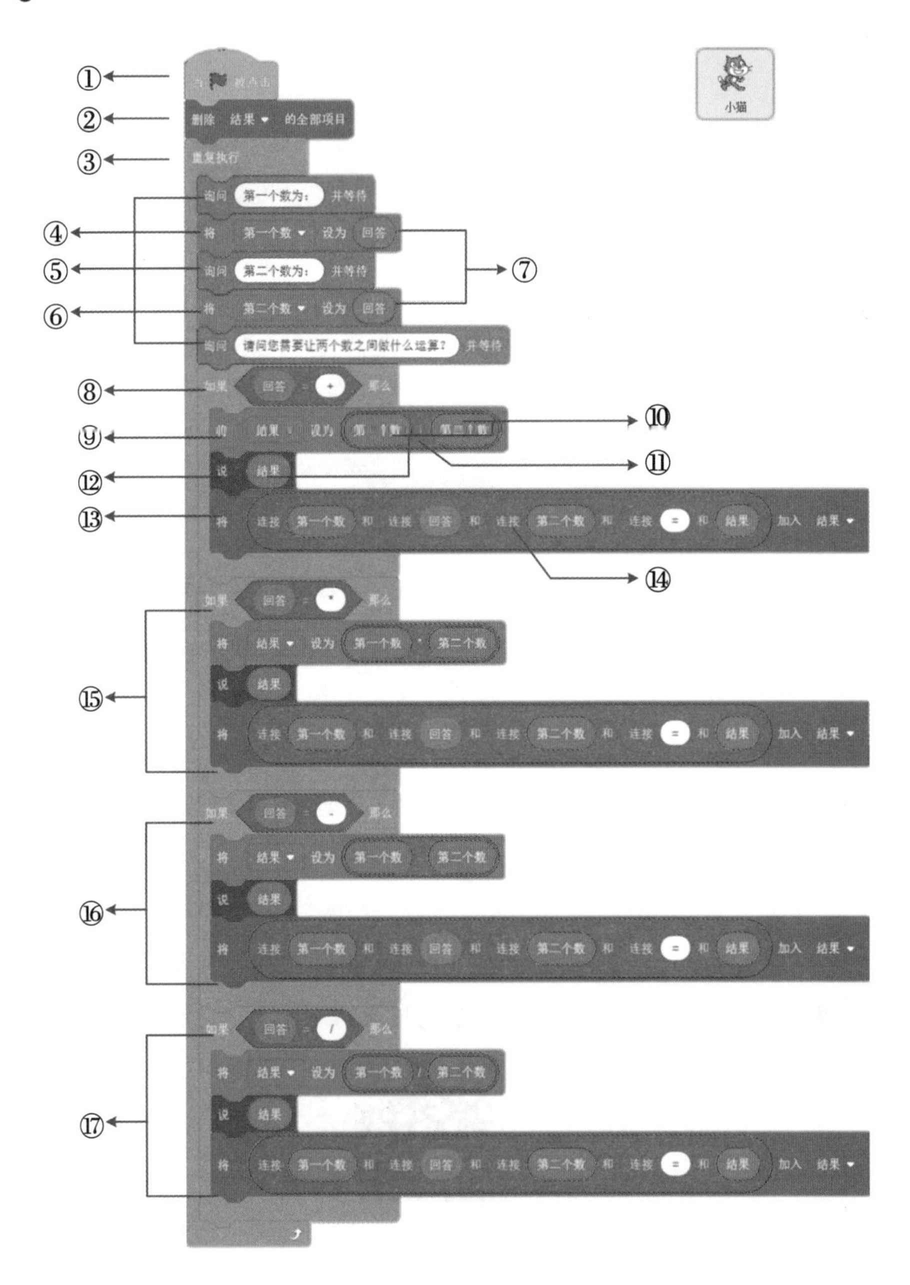

①
②
③
④
⑤
⑥
⑦
⑧
⑨
⑩
⑪
⑫
⑬
⑭
⑮
⑯
⑰
删除 结果 的全部项目
重复执行
询问 第一个数为: 并等待
将 第一个数 设为 回答
询问 第二个数为: 并等待
将 第二个数 设为 回答
询问 请问您需要让两个数之间做什么运算? 并等待
如果 回答 = + 那么
说 结果
将 连接 第一个数 和 连接 回答 和 连接 第二个数 和 连接 = 和 结果 加入 结果
如果 回答 = * 那么
将 结果 设为 第一个数 * 第二个数
如果 回答 = - 那么
将 结果 设为 第一个数 - 第二个数
如果 回答 = / 那么
将 结果 设为 第一个数 / 第二个数
小猫

① 当🏳被点击

所属模块:事件模块。

作用:使程序开始执行。

② 删除结果的全部项目

所属模块:变量模块。

作用:在每一次程序开始前,清空列表里的所有项目,重新开始记录新的数据。

③ 重复执行

所属模块:控制模块。

作用:重复执行该积木块内所包含的所有积木块,这里添加重复执行积木块可以让小猫不断地计算多组数值,而不只是一组。

④ 将第一个数设为……

所属模块:变量模块。

作用:此处“第一个数”为新建变量,用来记录我们所需要计算的第一个数值。通过这个积木块使“第一个数”的数值为我们第一次所输入的数值。

⑤ 询问……并等待

所属模块:侦测模块。

作用:让小猫询问我们需要计算的数值和运算法则,通过我们的回答将数值赋给对应的变量,并选择对应的运算方式。

⑥ 将第二个数设为……

所属模块:变量模块。

作用:此处“第二个数”为新建变量,用来记录我们所需要计算的第二个数值。通过这个积木块使“第二个数”的数值为我们第二次所输入的数值。

⑦ 回答

所属模块:侦测模块。

作用:用来记录回答信息的变量。

⑧ 如果……那么……

所属模块:事件模块。

作用:如果选择了加法运算法则,那么就让两个数值相加,并且使小猫说出和记录运算的结果和过程。

⑨ 将结果设为……

所属模块:变量模块。

作用:此处“结果”为新建变量,用来记录两个数值通过对应法则计算后得出的结果。通过这个积木块使“结果”的数值为两个数值计算的结果。

⑩ 第一个数、第二个数、结果

所属模块:变量模块。

作用:此处“第一个数”“第二个数”和“结果”都是我们所设置的变量,用来存储和调用对应的数据。

⑪ ……+……

所属模块:运算模块。

作用:让前后两个数进行加法运算,并得出结果。在这里,第一个数和第二个数相加得出的结果赋予“结果”这个变量。

⑫ 说结果

所属模块:外观模块。

作用:让小猫说出两个数运算后的结果。

⑬ 将……加入结果

所属模块:变量模块。

作用:需要说明的是,这里的“结果”所指的是“结果”这个列表,并非前文提到的变量。这个积木块的作用是将两个数值的运算过程及结果存储到“结果”这个列表中,并在舞台上显示出来。

⑭ 连接……和……

所属模块:运算模块。

作用:将前后两字符连接起来,在这里用了四个连接积木块,将“第一个数”“回答”“第二个数”“=”和“结果”五个内容连接到一起。

⑮ 乘法法则的计算和记录

关键积木块属于：变量模块。

作用：首先，识别小猫所收到的回答是否为乘法(*)，若为“*”，则将两个数相乘的结果交给“结果”这个变量来记录；接着，让小猫说出计算的结果；最后，将计算过程记录在结果列表中。

⑯ 减法法则的计算和记录

关键积木块属于：变量模块。

作用：首先，识别小猫所收到的回答是否为减法(-)，若为“-”，则将两个数相减的结果交给“结果”这个变量来记录；接着，让小猫说出计算的结果；最后，将计算过程记录在结果列表中。

⑰ 除法法则的计算和记录

关键积木块属于：变量模块。

作用：首先，识别小猫所收到的回答是否为除法(/)，若为“/”，则将两个数相除的结果交给“结果”这个变量来记录；接着，让小猫说出计算的结果；最后，将计算过程记录在结果列表中。

本章小结：

建立变量，建立列表，这些在计算机编程中的基础知识看来你已经掌握了。它们的用途可大了，不止是记录数字那么简单。如果你有兴趣，就一定要好好思考如何将变量模块与其他模块进行组合，它们会产生非常强大的功能哦！

STE@M

第10章

自创超能力（自制模块）

自制模块可以根据需要创造一个新积木,并且还能将一些复杂的程序变得简单明了,是一个非常酷的超能力!

本章重难点

本章重点

- ◆ 自制积木(对应小节:10.1)

本章难点

- ◆ 掌握自制积木的方法
- ◆ 理解自制积木的概念

10.1 会跳舞的男孩（自制积木）

接下来，我们来学习如何自己制作一个积木块吧！

1 第一步：新建一个项目，删除默认的小猫角色，添加角色“Champ99”，并修改名称为“跳舞男孩”；然后，点击“自制积木”里的“制作新的积木”。

2 第二步：进入制作新积木的界面后，输入新积木的名字“跳舞”。

首先你需要输入积木的名称，我们这次不需要数字、文本或是布尔值的输入，也不需要添加文本标签，所以点击完成就可以啦。

3 第三步：输入后，点击完成，我们就得到了一个名字叫做“跳舞”的全新积木块，但是现在的积木块还没有任何实际功能，拖出“跳舞”积木块，让我们来为它编写脚本吧。

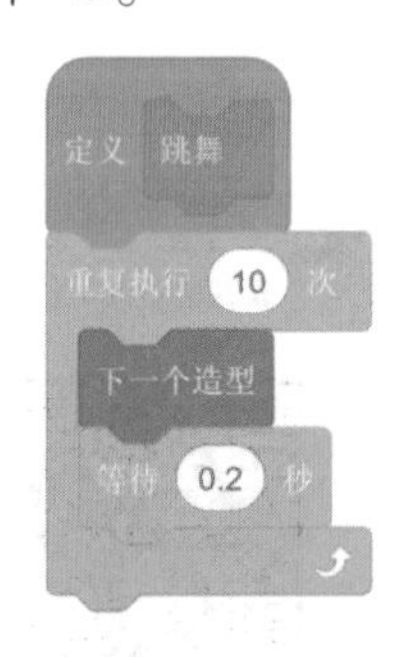

4 第四步：定义好“跳舞”积木块后，我们就可以直接拖曳“跳舞”积木块使用了，快来试试吧！

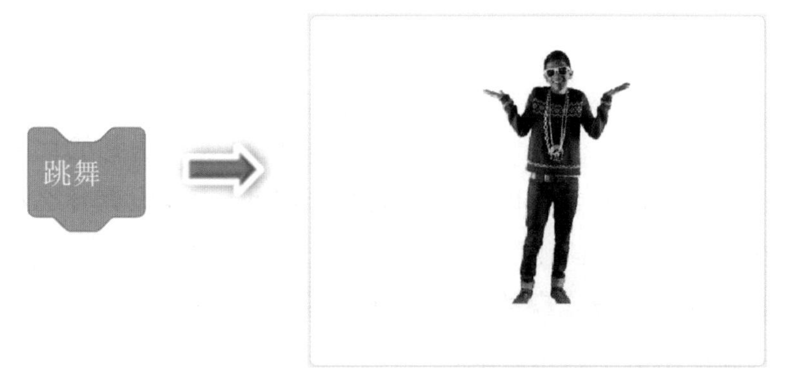

认识一些其他的积木块：

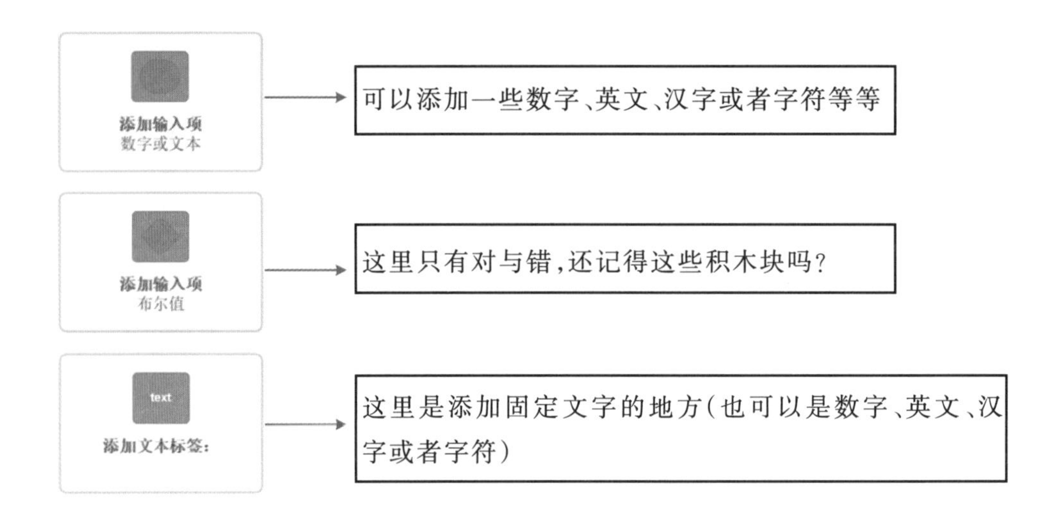

扫一扫

扫描下方二维码,获取本示例的视频教程。

10.2 聪明的小猫(自制积木)

背景介绍:学过上节内容后,小猫想到自己经常遇到的比较大小的问题。以前学习的方法要写很长的代码,有没有什么办法让程序更简单一些呢?
小猫已经把想要实现的功能放在了下面图片里,看看你能不能帮它制作出这个积木块吧!

自己创建的积木块其实可以叫做函数或者方法，空白处需要填入的数字就是它的参数。

扫一扫

扫描下方二维码，获取本示例的视频教程。

本章小结：

通过前面的学习，我们已经基本了解了各个模块的功能，现在终于到了我们可以自己创建积木块的时候了。掌握这个能力的前提是已经熟练地掌握各个模块的基础功能，这样我们才能够将自制积木的能力发挥到最大！

第11章

隐藏的力量（添加扩展）

添加扩展将画笔指令、音乐指令、视频侦测指令等封印起来了，现在让我们一起去帮助它们解除封印吧！

11.1 寻找隐藏的力量

在主界面的左下角点击扩展模块,进入“添加扩展”的界面。一起去寻找隐藏的力量吧!

我们可以通过点击对应的功能,对Scratch的程序进行扩展。

11.2 创作音乐（音乐）

1 第一步：在“添加扩展”中添加音乐模块，点击音乐模块，在主界面上就会看到多出来一个“音乐”模块。

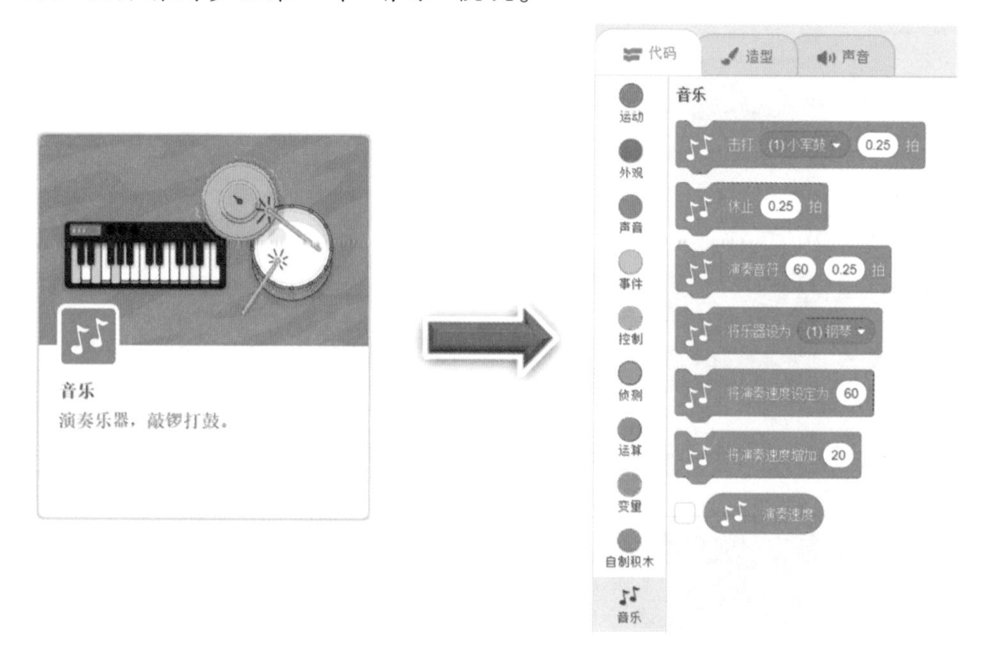

2 第二步：选择一个喜欢的乐器，拖出“将乐器设为……”积木块。

点击积木块上的白色倒三角，共有21种乐器（音色）供你选择！

3 第三步：参考音乐脚本《两只老虎》。

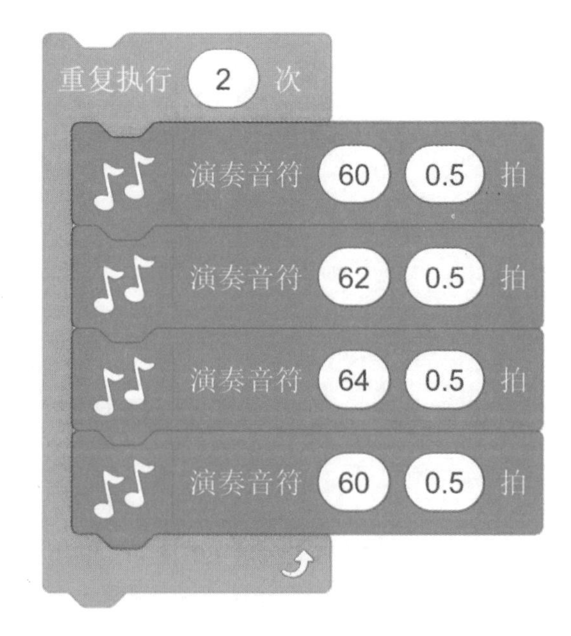

对应歌词：两只老虎 × 2

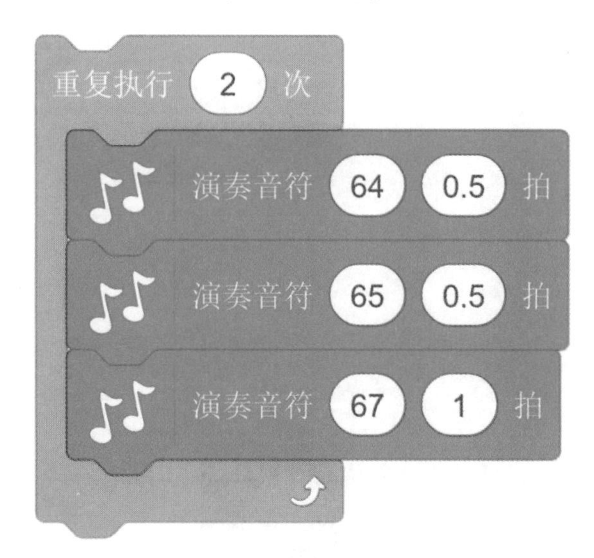

对应歌词：跑得快 × 2

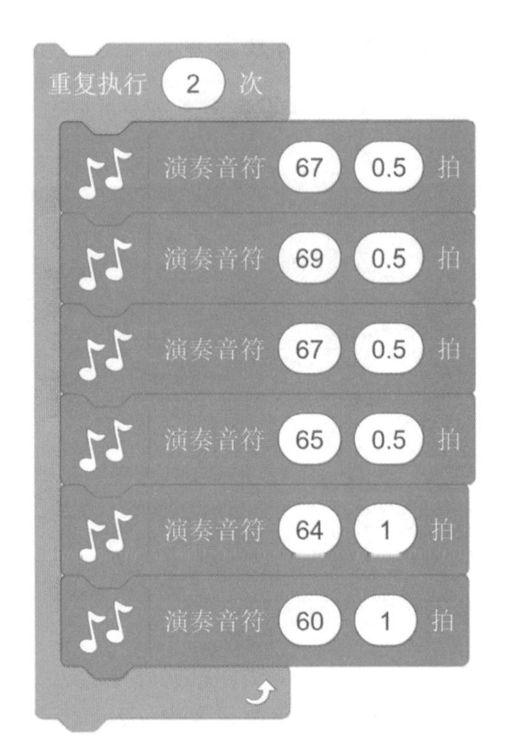

对应歌词:一只没有眼睛,一只没有尾巴

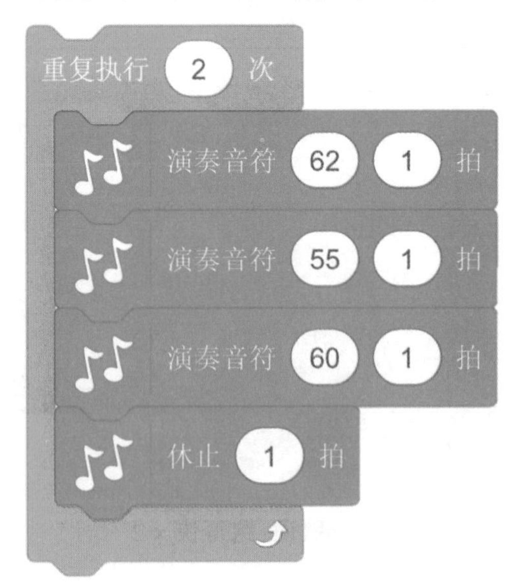

对应歌词:真奇怪×2

? 你最喜欢的歌曲是什么呢? 尝试将它编写出来吧!

扫描下方二维码,获取本示例的视频教程。

11.3 神奇画笔(画笔)

1 第一步:打开“添加扩展”,添加画笔模块。

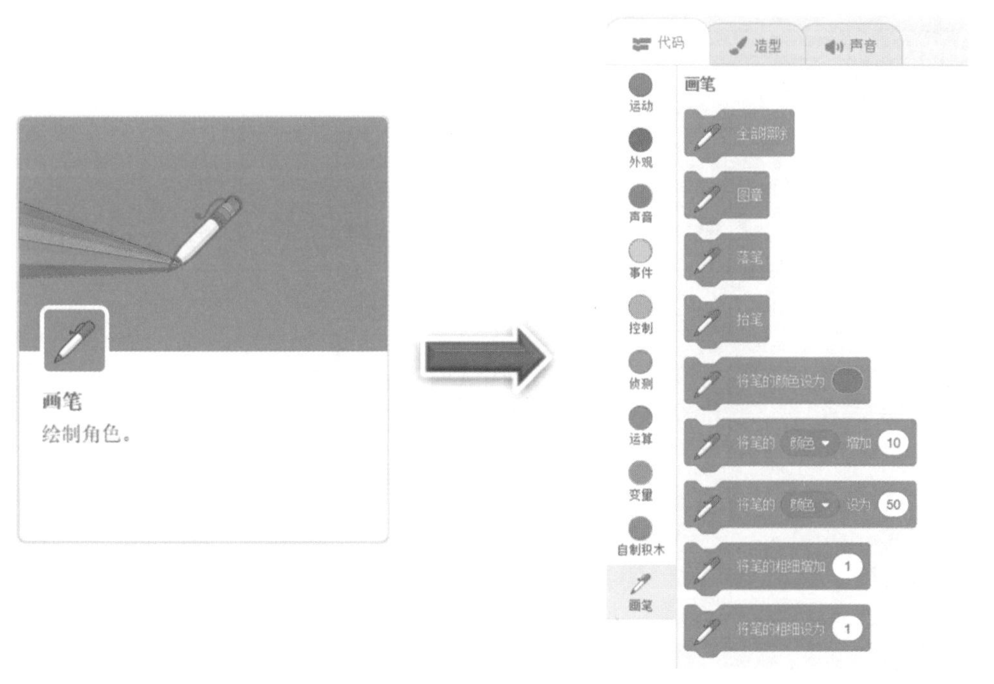

2 第二步：删除默认的小猫角色，添加角色“Pencil”。也可以添加你所喜欢的角色来执行画笔的脚本。

3 第三步：在造型标签中，点击鼠标左键选中整个画笔，之后将笔尖拖曳至背景“⊕”外，设置角色的造型中心为笔尖。

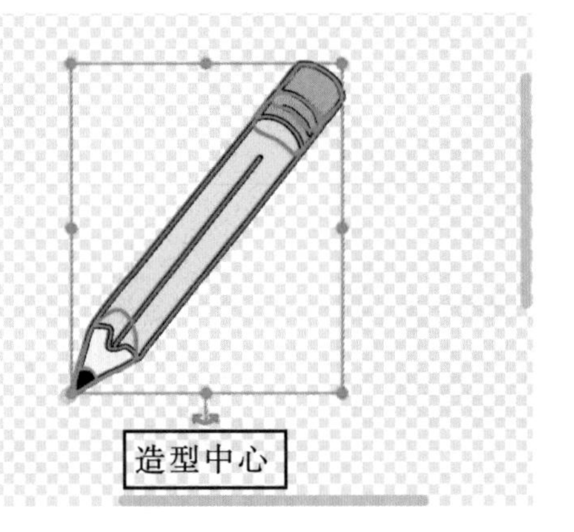

4 第四步：为画笔编写脚本。

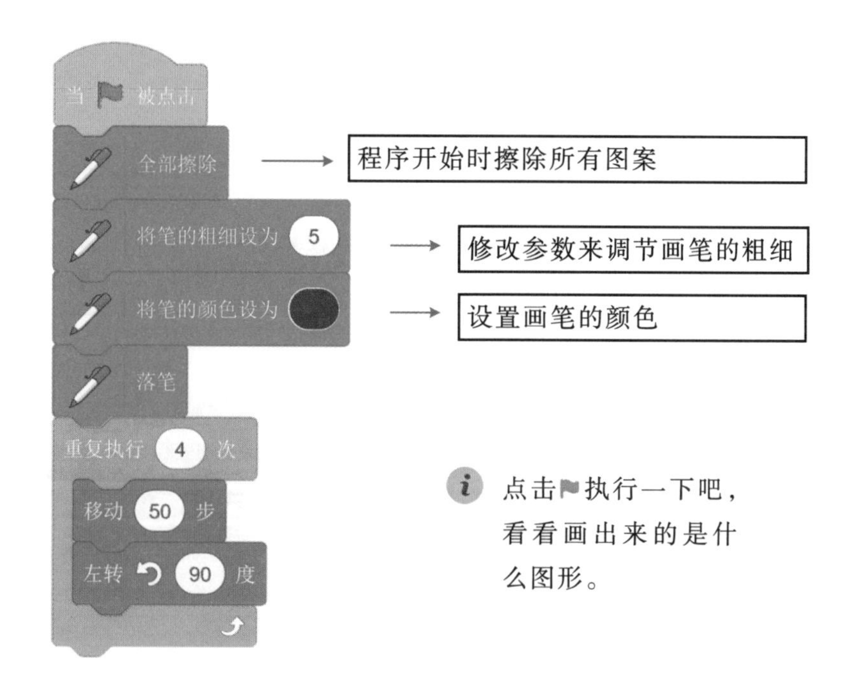

如果不把造型中心设置在笔尖会怎么样呢？更改造型中心再重新执行一次程序吧！

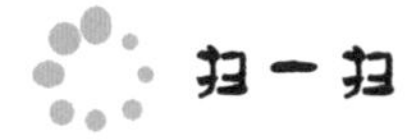

扫一扫

扫描下方二维码，获取本示例的视频教程。

11.4 小甲虫爱吃甜甜圈（视频侦测）

1 第一步：打开“添加扩展”，添加视频侦测模块。

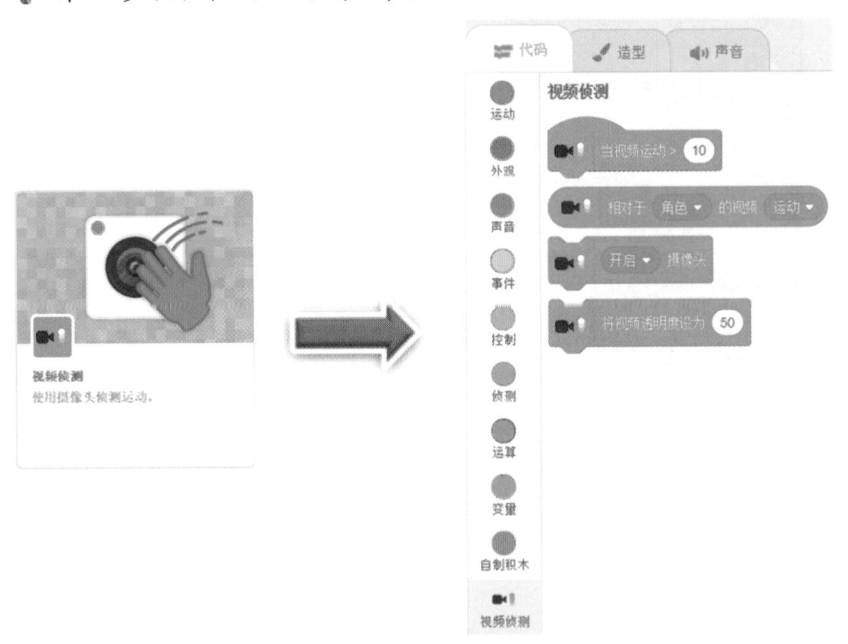

2 第二步：添加角色“Beetle”和“Donut”，并分别命名为“小甲虫”和“甜甜圈”。

3 第三步：使用视频侦测中的积木块为小甲虫编写脚本，我们来帮助它找到甜甜圈的位置。

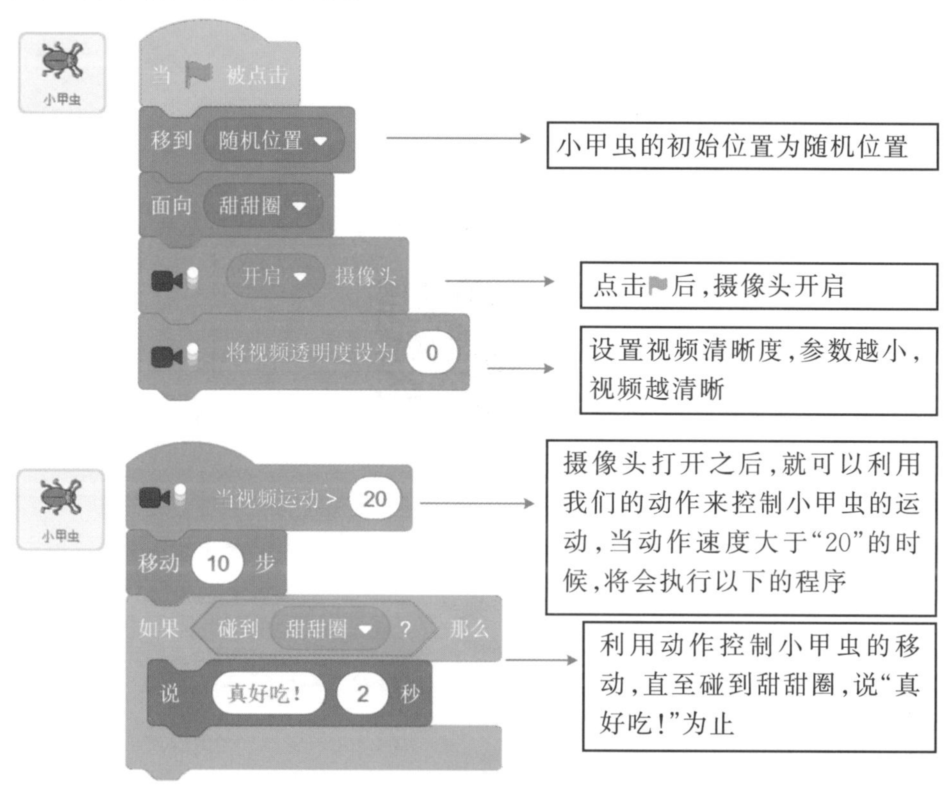

4 第四步：点击执行程序，开启摄像头后，轻轻晃动我们的手臂就可以控制小甲虫的移动了！

5 第五步：点击“关闭摄像头”积木块，关闭摄像头。

扫一扫

扫描下方二维码，获取本示例的视频教程。

11.5 语言学习（文字朗读/翻译）

1 第一步：在添加扩展中添加“文字朗读”和“翻译”。

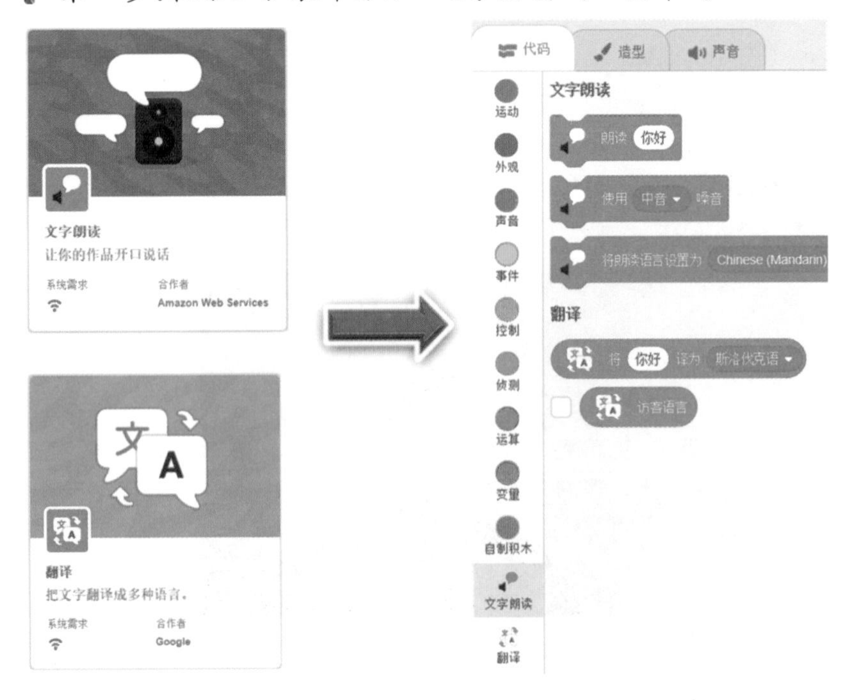

2 第二步：设置嗓音，即拖出“使用……嗓音”积木块。通过扩展模块可以使程序模仿各种声音，甚至翻译各种语言，让我们一起来见识一下吧！

点击白色倒三角，还可以选择其他不同的嗓音哦！

3 第三步：选择语言，拖出“将朗读语言设置为……”积木块。

4 第四步：选择朗读内容，拖出“朗读……”积木块，并组合程序。

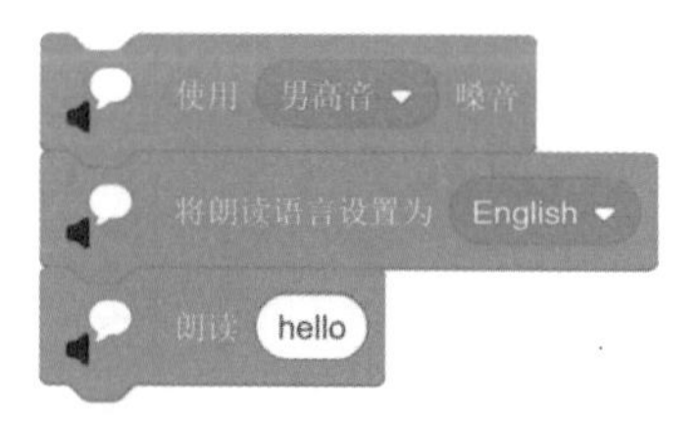

通过这样的学习，你学会了用几种语言打招呼呢？

5 第五步：使用翻译功能。

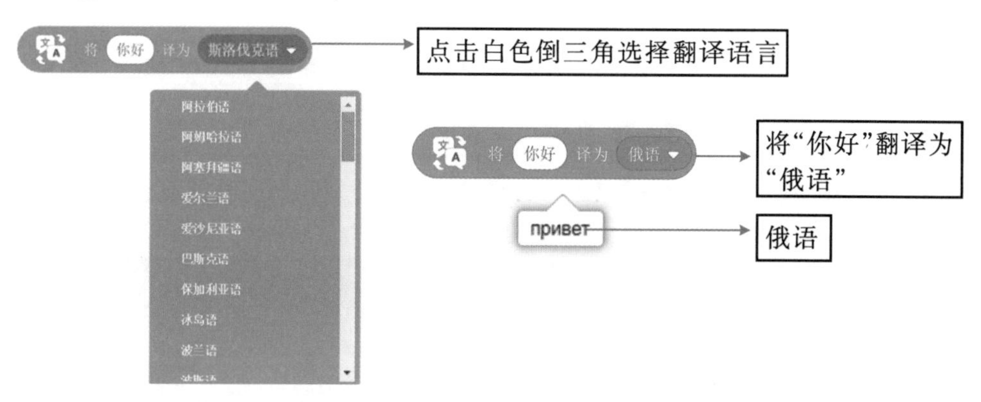

扫一扫

扫描下方二维码，获取本示例的视频教程。

本章小结：

Scratch 3.0拥有丰富的拓展功能，它不仅仅可以实现诸如画笔、音乐、朗读、翻译等功能，甚至还可以和外部的设备进行连接。更多有趣的内容等着你去探索哦！

STE@M

第12章

走进编程世界（编程作品赏析）

通过前面的学习，相信你已经可以独自编写一些程序了。现在，我们先一起来欣赏一些优秀的编程作品吧！

12.1 追回魔法帽

角色介绍

游戏开始前的剧情及规则介绍者

被偷走魔法帽的魔法师爷爷没有了法力，看来只能靠你来帮助他追回魔法帽了

偷走魔法帽并布下魔法迷宫的癞蛤蟆，一定要小心它的魔法迷宫，碰到超过五次就没有机会了

游戏开始前的倒计时数字

游戏的最终战利品，魔法师爷爷丢失的魔法帽

1 第一步：为游戏背景添加颜色，并用红色线条绘制一个迷宫，命名为“游戏界面”。

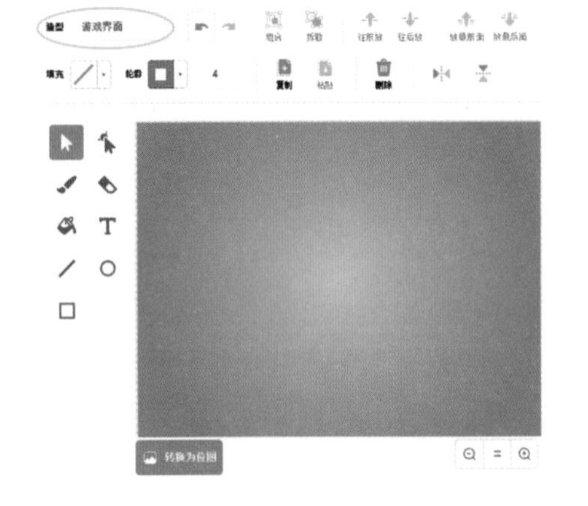

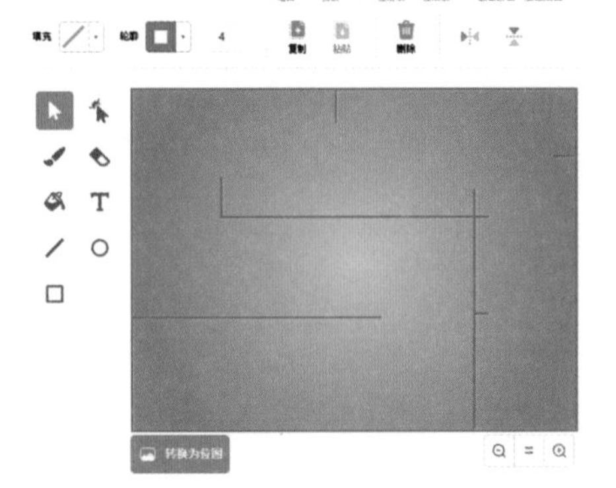

2 第二步：从角色库中添加角色，并修改角色名称。

注意各角色的大小：
小精灵：100；魔法师爷爷：25；癞蛤蟆：50；数字：100；魔法帽：100。

3 第三步：为各个角色编写脚本。

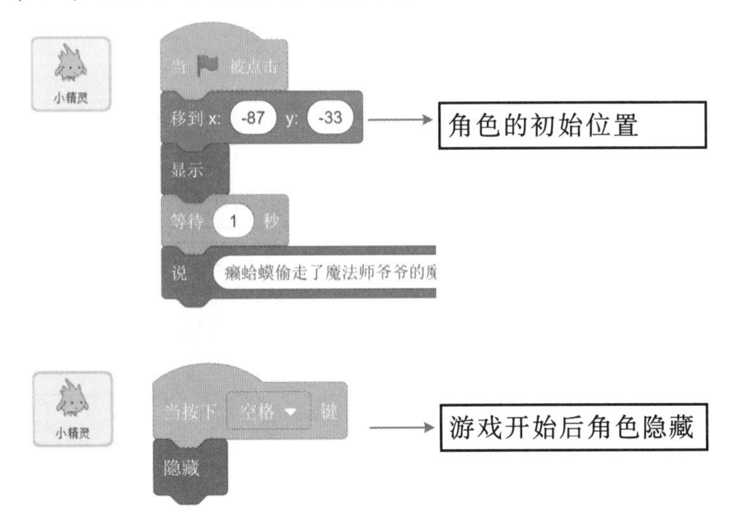

其中，小精灵脚本中"说……2秒"积木块中的说话内容如下：
癞蛤蟆偷走了魔法师爷爷的魔法帽，并布下了魔法迷宫，快用鼠标指引魔法师爷爷追回魔法帽吧！一定要小心红色的魔法墙啊！按下空格键开始游戏(请将鼠标移至魔法师爷爷处)。

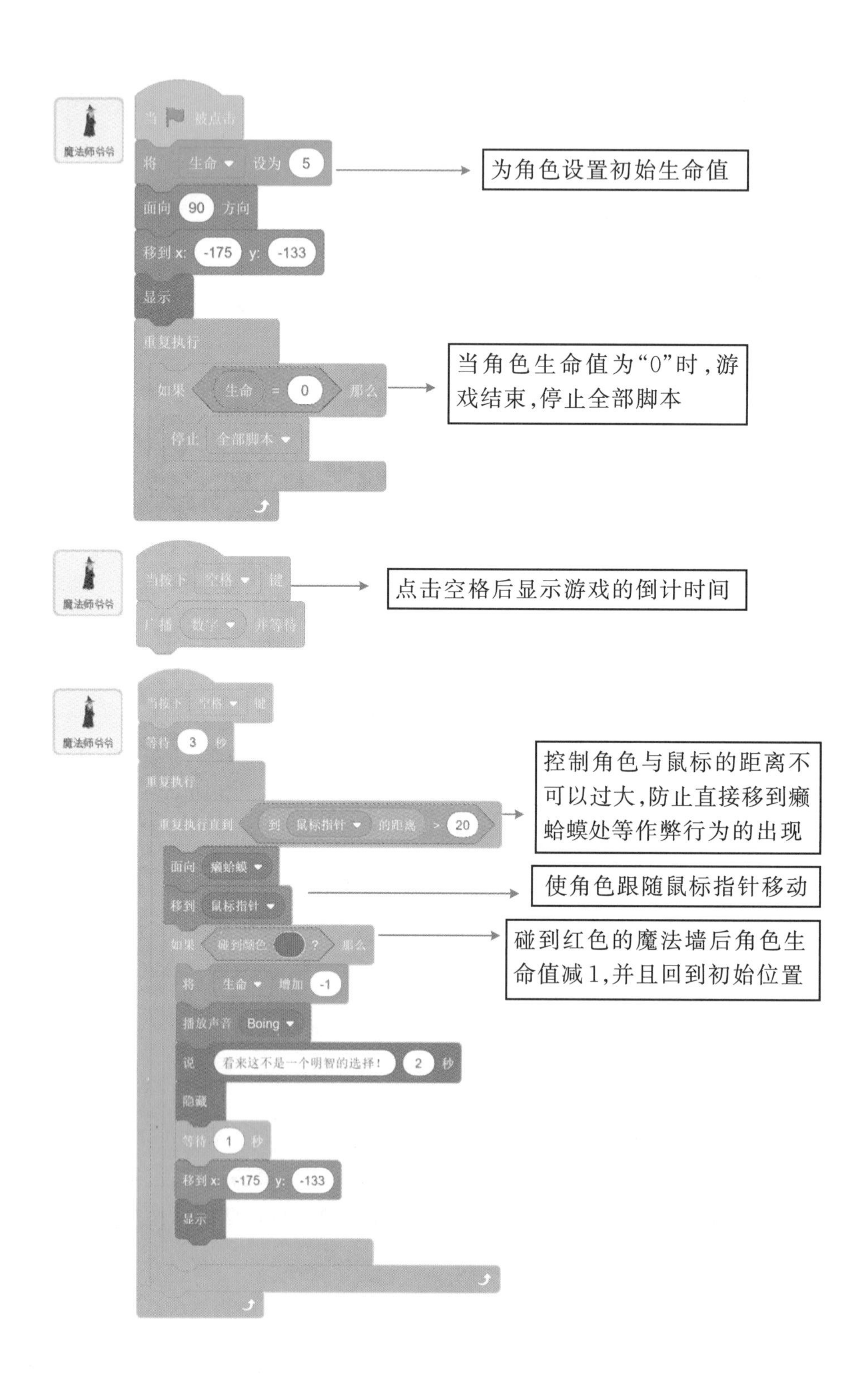
魔法师爷爷
当 被点击
将 生命 设为 5
面向 90 方向
移到 x: -175 y: -133
显示
重复执行
如果 生命 = 0 那么
停止 全部脚本
为角色设置初始生命值
当角色生命值为“0”时，游戏结束，停止全部脚本
魔法师爷爷
当按下 空格 键
广播 数字 并等待
点击空格后显示游戏的倒计时间
魔法师爷爷
当按下 空格 键
等待 3 秒
重复执行
重复执行直到 到 鼠标指针 的距离 > 20
面向 癞蛤蟆
移到 鼠标指针
如果 碰到颜色 ? 那么
将 生命 增加 -1
播放声音 Boing
说 看来这不是一个明智的选择！ 2 秒
隐藏
等待 1 秒
移到 x: -175 y: -133
显示
控制角色与鼠标的距离不可以过大，防止直接移到癞蛤蟆处等作弊行为的出现
使角色跟随鼠标指针移动
碰到红色的魔法墙后角色生命值减1，并且回到初始位置

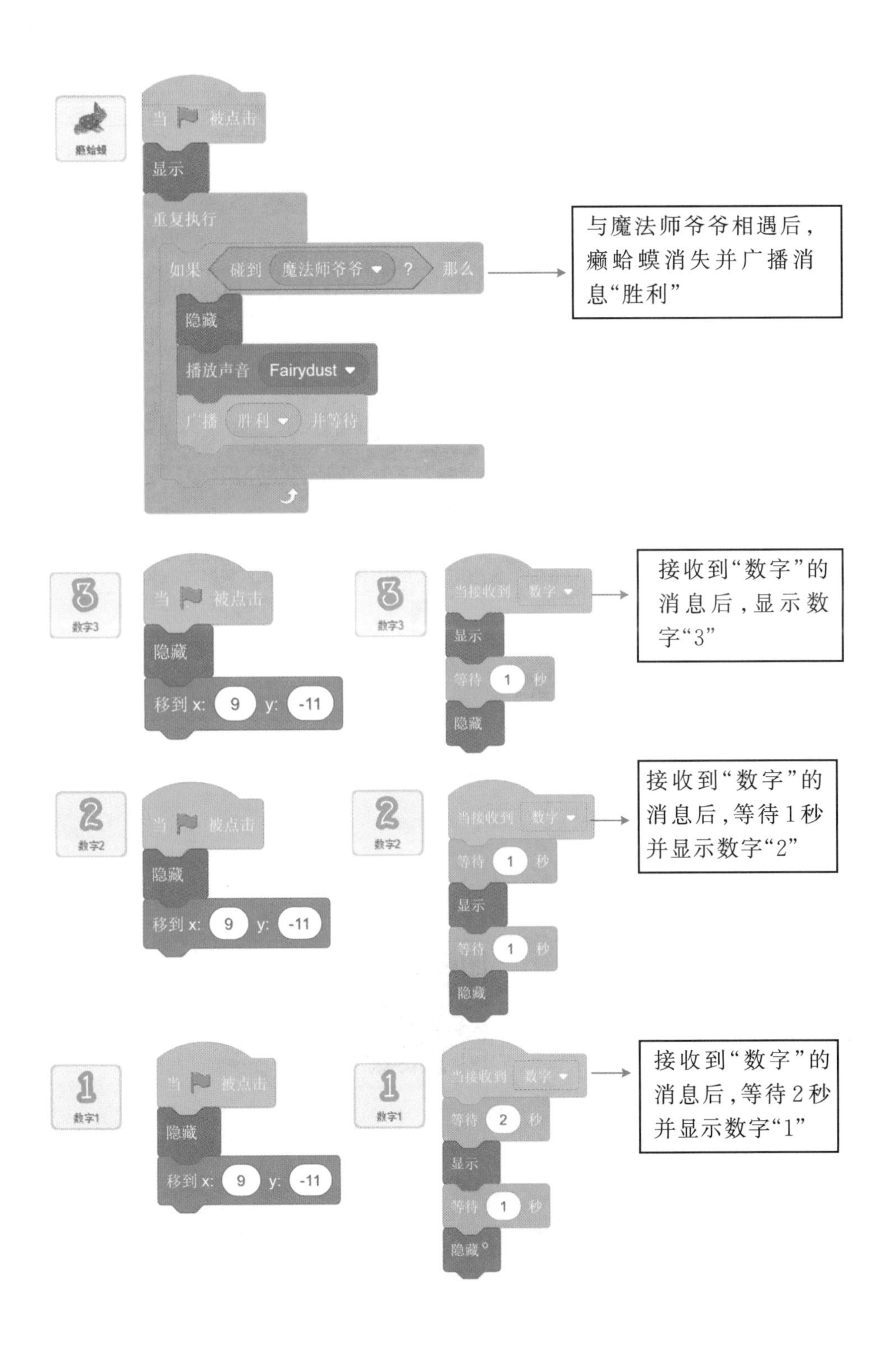
癞蛤蟆
当 被点击
显示
重复执行
如果 碰到 魔法师爷爷 ? 那么
隐藏
播放声音 Fairydust
广播 胜利 并等待
与魔法师爷爷相遇后，癞蛤蟆消失并广播消息“胜利”
数字3
当 被点击
隐藏
移到 x: 9 y: -11
数字3
当接收到 数字
显示
等待 1 秒
隐藏
接收到“数字”的消息后，显示数字“3”
数字2
当 被点击
隐藏
移到 x: 9 y: -11
数字2
当接收到 数字
等待 1 秒
显示
等待 1 秒
隐藏
接收到“数字”的消息后，等待1秒并显示数字“2”
数字1
当 被点击
隐藏
移到 x: 9 y: -11
数字1
当接收到 数字
等待 2 秒
显示
等待 1 秒
隐藏。
接收到“数字”的消息后，等待2秒并显示数字“1”

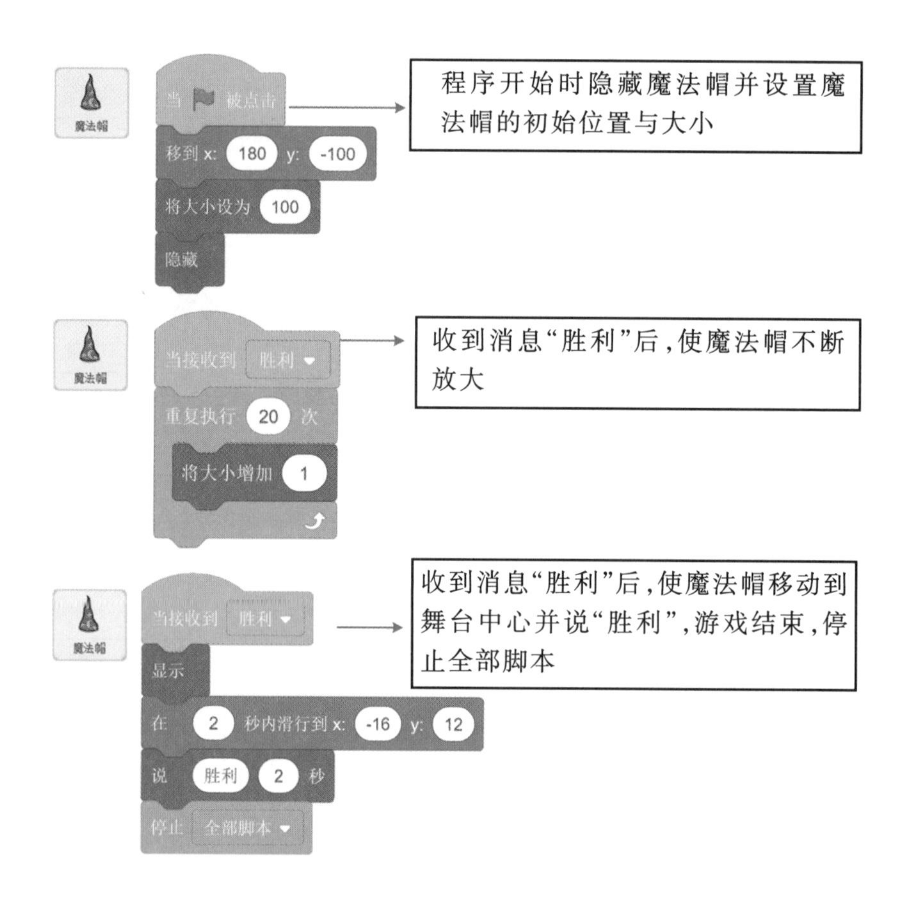

扫一扫

扫描下方二维码，获取本示例的视频教程。

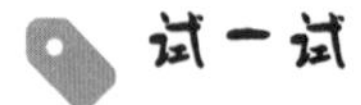

试一试

你能为迷宫游戏创建一个难度系数更高的第二关吗？

12.2　球球大作战

角色介绍

小球1号是我们可以操纵的小球，它会随着吞噬比自己体型小的小球而长大

小球2号是一颗自动克隆并增长的小球，我们必须在它长得比我们大之前吃掉它

1 第一步：新建一个项目，为游戏添加背景界面“Nebula”。

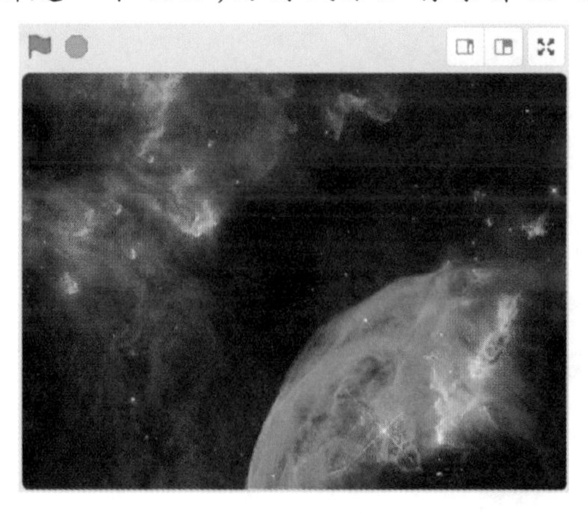

2 第二步：新建角色“ball”，并命名为“小球1号”；复制“小球1号”并切换造型，修改角色名称为“小球2号”。

3 第三步：为角色编写脚本。

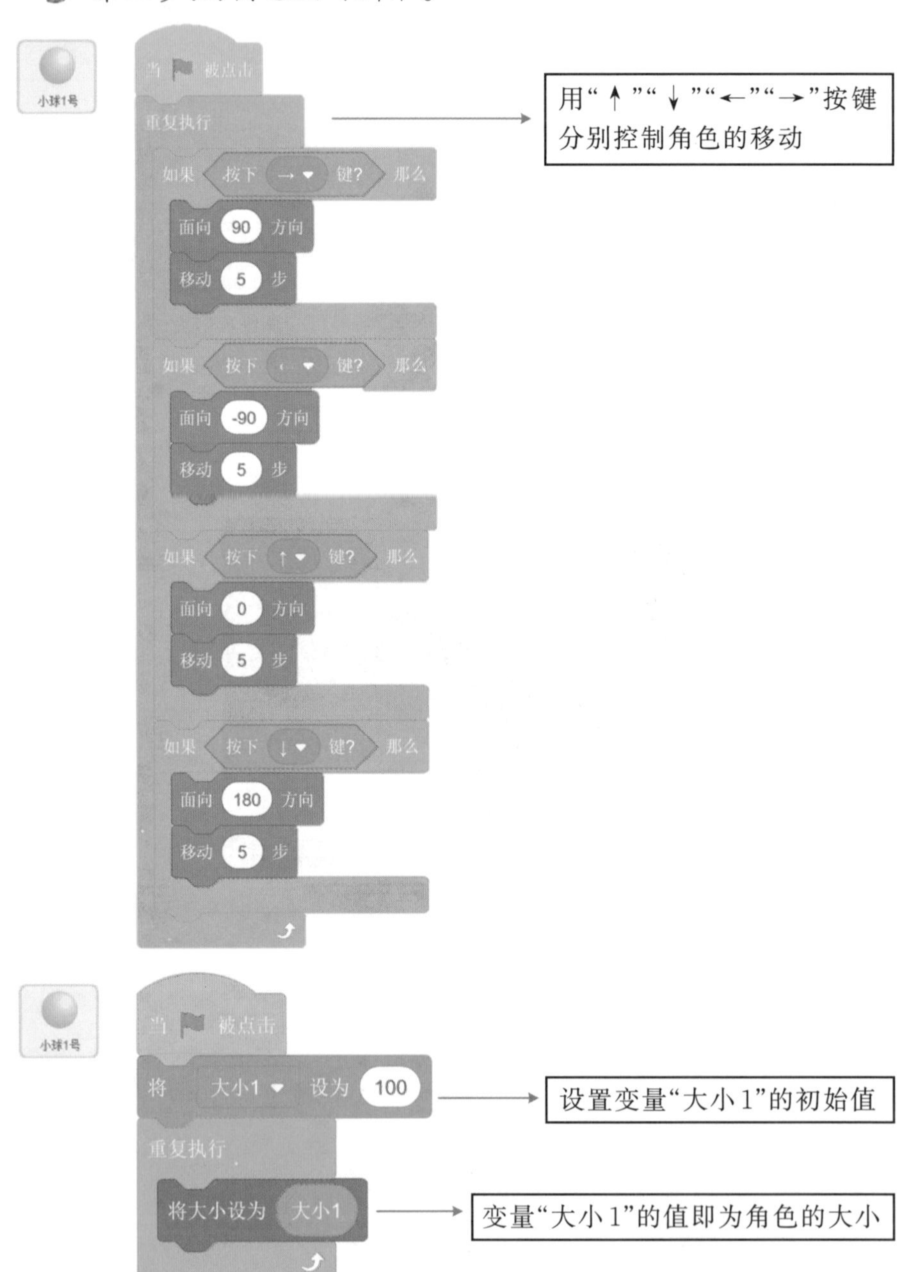

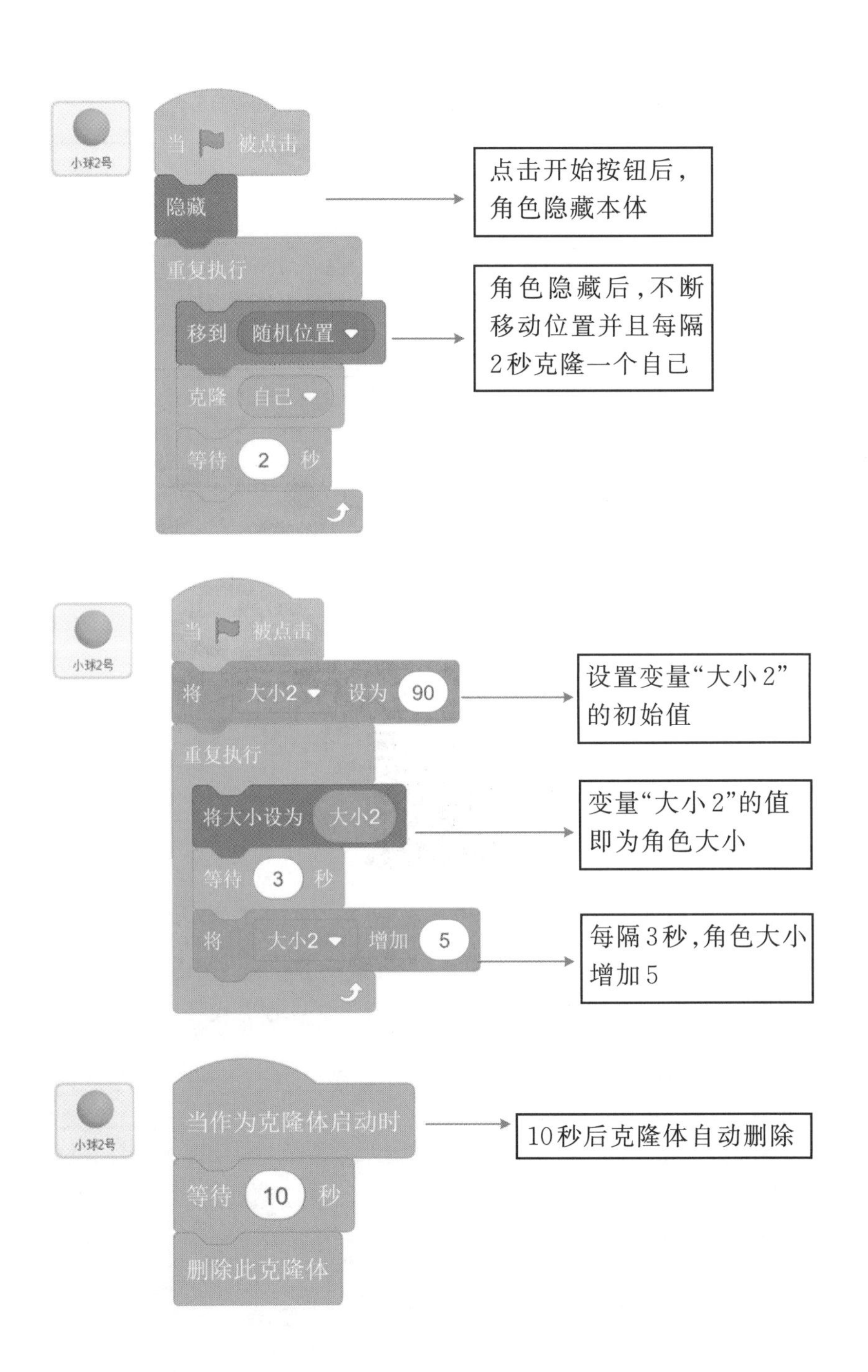
小球2号
当 被点击
隐藏
重复执行
移到 随机位置
克隆 自己
等待 2 秒
点击开始按钮后，角色隐藏本体
角色隐藏后，不断移动位置并且每隔2秒克隆一个自己
小球2号
当 被点击
将 大小2 设为 90
重复执行
将大小设为 大小2
等待 3 秒
将 大小2 增加 5
设置变量“大小2”的初始值
变量“大小2”的值即为角色大小
每隔3秒，角色大小增加5
小球2号
当作为克隆体启动时
等待 10 秒
删除此克隆体
10秒后克隆体自动删除

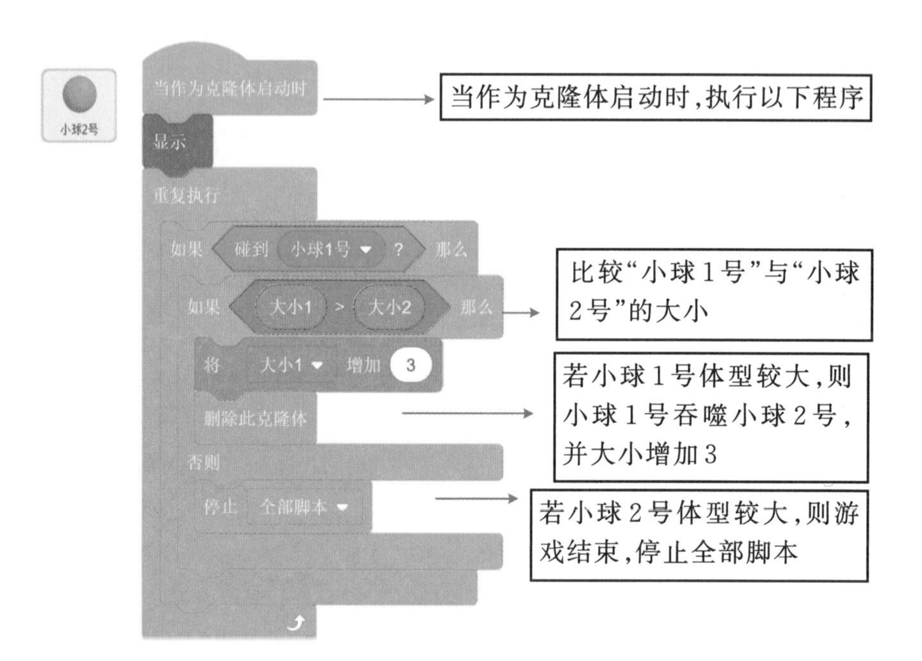

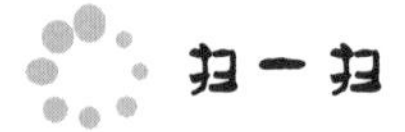

扫一扫

扫描下方二维码，获取本示例的视频教程。

试一试

你可以利用类似的程序设计一个全新的游戏吗？

本章小结：

本章介绍了两款小游戏的全部设计过程。我们在不断夯实基础的情况下，也要学习其他优秀的编程作品。观察其他程序在构思、编写方式等方面是否有我们可以借鉴的内容。更多案例素材还可以到Scratch的官方网站中查看：https://scratch.mit.edu/。